数と記号のふしぎ

シンプルな形に秘められた謎と経緯とは？
意外に身近な数学記号の世界へようこそ！

本丸 諒

SB Creative

はじめに

『シャーロック・ホームズの帰還』(13の短編を収録)には、「踊る人形」という作品があり、そのテーマは、

という絵記号の解読です。

一見、遊んでいるように見える1つひとつの「人形」が、実は英語アルファベット(以下「アルファベット」)の文字にそれぞれ対応しています。それはいったいどんな内容を伝えているのか……? 依頼主に迫る危険を回避するには、この暗号文をいち早く読み解かなければなりません。

そんなとき、「いちばん多く出てくる文字は『*e*』、次は『*t*』や『*a*』が続く」という統計的な事実(頻度分析)を知っているだけで、解読への大きなヒントになります。

考えてみると、その*e*や*a*なども記号です(数学では*e*はオイラー数として知られています)。それどころか、数字だって記号です。「1つ、2つ、3つ……」を古代の人々が、Ⅰ, Ⅱ, Ⅲ……と表したのはすぐ納得できますが、なぜ「5つ」はⅢⅠではなく、Ⅴと形を変えたのでしょうか。それは人間の認識能力にも関係しているといわれます。ただ、このような数字を知らない人たちもいたはずです。彼らはどのようにして数量を確かめたのでしょうか。

いろいろと疑問がわいてきますが、記号を知っていることで、理解がスムーズになることは確かです。とくに、「数学記号」は記号の中でも最たるもので、Σ（シグマ）、∫（インテグラル）といった記号は恐ろしげですが、記号の由来や意味さえわかれば、おのずと内容の理解も進みます。記号の意味を知らなければ複雑怪奇であっても、いったん意味さえわかれば怖いものではなく、むしろ理解を促進するツールになるのです。

本書では数学記号を中心に、その歴史なども紐解きながら、1つの形に決まっていくまでの面白さ、記号としてのシンプルさ、発明した人の影響力の大きさなど、さまざまな観点から眺めていきたいと思います。

なお、本書の第2部では、ジャンル別ではなく、ABC順に項目を集めています。このため、微分$\left(\frac{dy}{dx},\ y'\right)$と積分（∫）の話が離れている、階差数列を$\{b_n\}$として$b$に入れているなど、強引な並びとなっているところもありますが、それは教科書的な解説を排し、個々の数学記号のもつ意味が伝わるよう努めるという、1つのチャレンジとご理解ください（本書の担当編集者のアイデアです）。

最後になりましたが、埼玉大学の岡部恒治名誉教授には、本書の内容について貴重なご意見をいただきました。また、長谷川愛美さん（北海道大学大学院修了・数学専攻）には、ディテールに至るまで校閲をいただきました。お二人にはこの場をお借りして、厚く御礼申し上げます。また、本書の企画を考案し、きびしく指導していただいたSBクリエイティブの田上理香子さん、そして出井貴完編集長に御礼申し上げます。

令和元年10月　　本丸 諒

数と記号のふしぎ

シンプルな形に秘められた謎と経緯とは? 意外に身近な数学記号の世界へようこそ!

CONTENTS

CONTENTS

著者プロフィール

本丸 諒（ほんまる りょう）

横浜市立大学卒業後、出版社に勤務し、サイエンス分野を中心に多数のベストセラー書を企画・編集。データ専門誌（月刊）の編集長としても敏腕を振るい、独立後、編集工房シラクサを設立。「理系テーマを文系向けに“超翻訳”する」サイエンスライターとしての技術には定評がある。日本数学協会会員。共著に『本当は面白い数学の話』（サイエンス・アイ新書）や『身近な数学の記号たち』（オーム社）、著書に『世界一カンタンで実戦的な 文系のための統計学の教科書』（ソシム）などがある。

●本書に登場するキャラクター紹介

ユージ

F大学・理工学部出身。Y社の製品開発部に籍を置く。ときどき、後輩のマユミが発する素朴な疑問に嫌がらずに答えてくれる、やさしき先輩。ただし、言葉がやさしいとは限らない。

Y社のネコ。
マユミになついている。

マユミ

ユージと同じF大学の経済学部出身。Y社の経理部に配属される。案外、芯が強く、わからないことは肚に落ちるまで疑問を解消しようとするタイプ。

本文デザイン・アートディレクション：近藤久博（近藤企画）
イラスト：安田正和
tora（近藤企画）
校正：曽根信寿

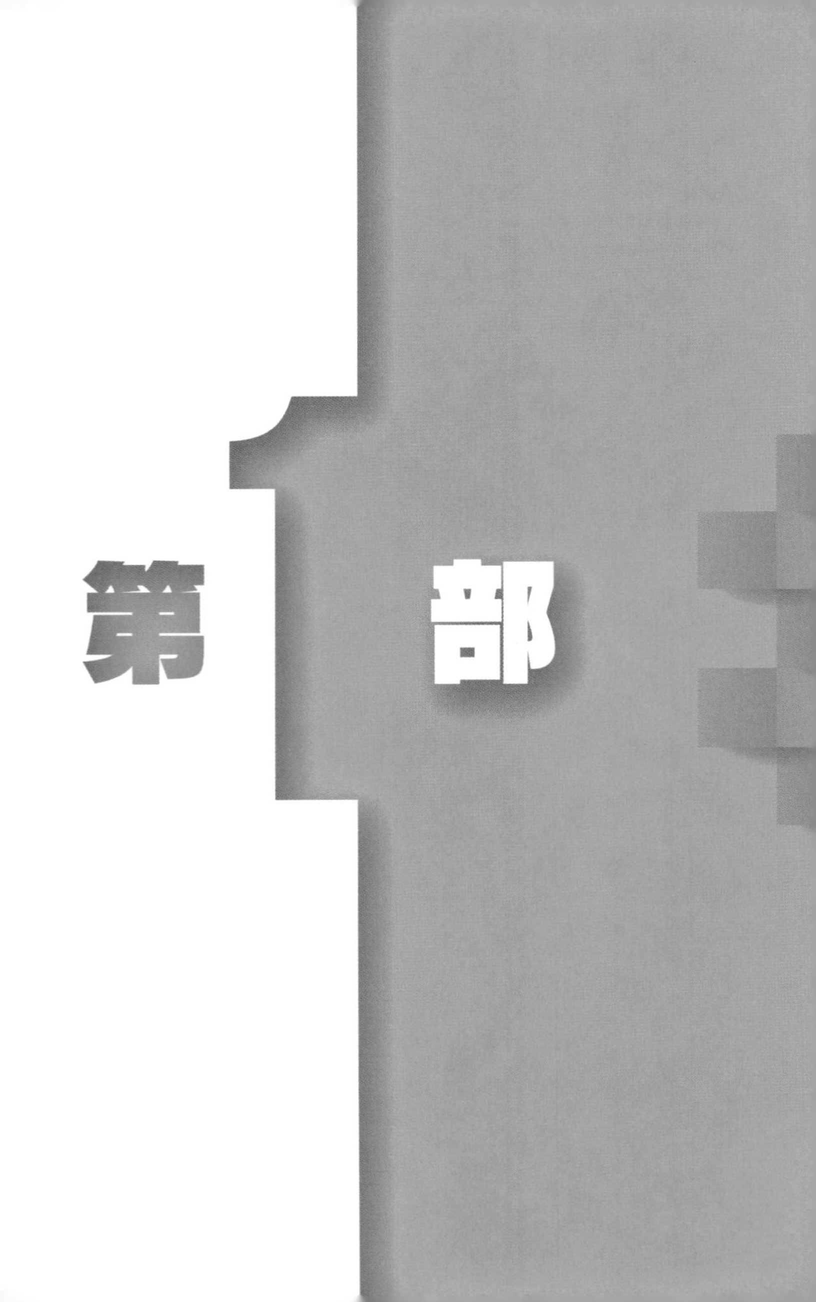
第1部

数字編

1

「数字記号」の発明が人と動物を分けた？

2匹のキジと2日間の「2」

1対1対応？

「数」にたどり着くまでには……

「数」に関しては、さまざまなエピソードが伝わっています（史実かどうかが定かでないものも含めて）。

まず、日本の戦国時代のこと。織田信長が部下に対し、「あの山の木の本数を調べろ」という無理難題を命じたといいます。多くの部下は同じ木を重複して2度、3度と数えてしまったり、カウントし忘れた木があったりと、正確に数えられず、途方に暮れていたところへ木下藤吉郎（のちの豊臣秀吉）の登場。

藤吉郎は部下に多数の縄をもたせ、1本1本の木に、縄を1本1本くくり付けることで、重複なく、漏れなく、すべての木の数を正確に数え上げてみせたといいます。

たとえば、1万本の縄を用意し、1300本の縄が残ったとすると、山には8700本の木があった、ということになります。

この話は後世の作り話かもしれませんが、このように、「1本の木」と「1本の縄」を対応させることを「**1対1対応**」と呼んでいるわけです。

イギリスの数理哲学者のバートランド・ラッセル卿（1872〜1970）は「数字」について、次のように説明しています。

「2匹のキジの2と、2日間の2とが『同じ2』であることに気づくまでに、人類は限りない年月を必要とした」

It must have required many ages to discover that a brace of pheasants and a couple of days were both instances of the number 2 : the degree of abstraction involved is far from easy.
（Bertrand Russell『Introduction to Mathematical Philosophy』より）

2匹のキジと2日間の「2」は同じ……と気づいた

●「1対1の対応」って何のこと？

ここで2匹のキジとか、2日間などの具体的なものから、抽象的な「2」という概念を抽出する —— これこそ、「**数**」と呼ばれるものです。

この場合、**「数」はまだ抽象的な概念**です。「数」を表すための「形」、つまり人々が見える形としての「**数字**」がなかったわけです。

数字がないと、2つのものが同量なのか、どちらかが多いのかを明瞭に比較できませんが、それでも藤吉郎流の1対1対応を利用すると、数字がなくても克服できます。

次の絵を見ると、5輪の花に5匹のミツバチがやってきています。5匹のミツバチと5輪の花は数的にはマッチングしています。

ミツバチと花を「1対1対応」で見ると……

こんな対応を考えることで、少なくとも、同量か、どちらが多いかを、「数」を数えられなくても知ることができるのです。

● 羊飼いは「数」をどう確認した？

数の表現を知らない人にとっても、自分のした仕事に不正がないという、証を立てたいときがあります。

たとえば、数を数えられない羊飼いが、毎朝、草を食べさせるために、囲いから羊を連れ出す場合を考えてみます。

このとき、羊1頭につき1個の粘土玉（小石でもいい）をつくり、特定の容器に入れます。30頭を連れ出せば、30個の粘土玉を入れ、それをご主人に見せて確認してもらってから密封するわけです。

羊飼いが戻ってきたときに容器を壊し、羊の頭数と粘土玉の数を対応させれば、全頭の羊が無事に帰ってきたかどうか、数を数えられなくても確認できます。

数を数えられない羊飼いの「羊のカウント法」とは？

この話は、1928〜1929年にバグダッド・ヌツィ宮殿跡の発掘によって図のような粘土容器が発見され、そこから出てきた48個の粘土玉や、容器に刻まれていた文字から類推された話として伝えられています。

（A. Leo Oppenheim『On an Operational Device in Mesopotamian Bureaucracy』より）

こんなところにも「1対1対応」が見つかる！

身近な「1対1対応」の例を考えてみましょう（完全な1対1対応ではありませんが、あくまでも大ざっぱな例として）。

アゲハチョウの幼虫にも、好きな葉っぱがあるのをご存知でしょうか。これも大きな意味で1対1対応といえそうです。

下図を見て、パセリ、ウマノスズクサ、レモンについている幼虫は、右のどのアゲハチョウに成長するか、予想できるでしょうか？（大ざっぱな対応です）

アゲハチョウの幼虫と食草の関係

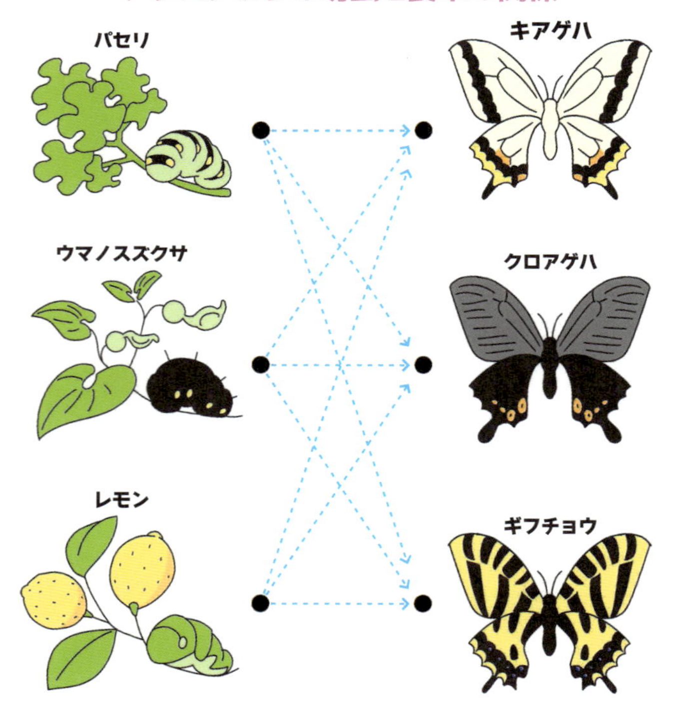

もう一つ、身近な例をあげましょう。A～Gの8人が、アミダクジを使って1等から8等までの賞品を当てるとき．これも1対1対応の事例といえます。

上記の答え： キアゲハの幼虫はパセリなどを好み、クロアゲハの幼虫はレモンなどの柑橘類の葉を好み、ギフチョウはウマノスズクサ科カンアオイ属などの葉を好む

Ⅰ, Ⅱ, Ⅲ ……

エジプト数字って？
「数」が「数字」にステップアップ

「数」は概念にすぎないなら、その概念を形として表す記号が欲しい……。それが「**数字**」です。1とか2の違いが「誰にもわかればいいい」というのであれば、タテかヨコに棒線を引いていくのが自然です。あるいは、石ころのような○を1つ、2つ……と置いていく形も「数字記号」になるはず。

さまざまな数字が世界の各地で登場しましたが、下の図は古代エジプトの「数字」です。

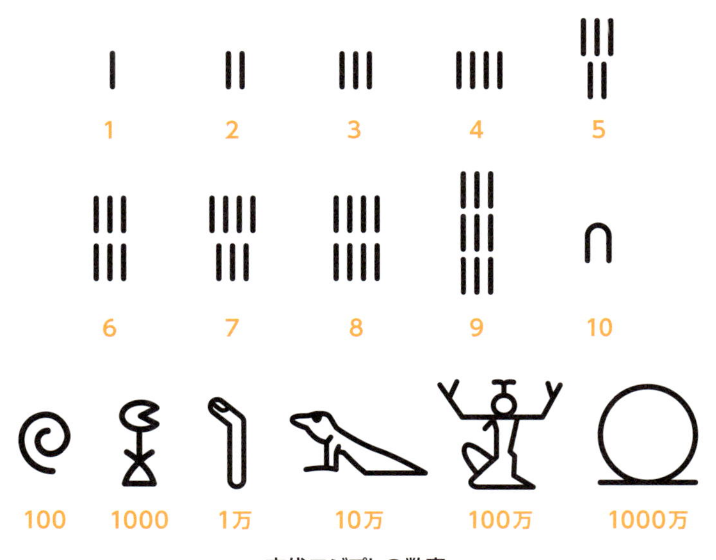

古代エジプトの数字

1〜4はタテに棒線を引いています。しかし、5になると、5本の棒線を1〜4と同じようには引きません。5以上で書き方を変えるのは、他の地域や時代でも見られることです。というのは、棒線や石ころがきれいに並んでいない場合、人は瞬時に「5」を「4」と区別しにくいからです。そこで、5の段階で斜線を引くなど、まとめ方を工夫することが行なわれました。「5」で一段落とするのは古今東西、変わりありません。

そして、エジプトでは前ページの図のように、5からは2行〜3行に分けて表示し、さらに10になると、新たな数字記号を用意しました。それが「∩」です。

次に、100の記号を考え出します。この蚊取り線香のような記号は「縄」を表しているとされます。当時のエジプトの縄は「100単位」という長さをもっていたためです。

1000は「蓮(ハス)の花」、または「睡蓮(スイレン)」とされています。しかし、蓮(ハス)と睡蓮(スイレン)は別物です。エジプトでは白い睡蓮(スイレン)は「ナイルの花嫁」と呼ばれていたことや、現在のエジプトの国花が睡蓮(スイレン)であることを考えると、睡蓮(スイレン)と考えるのが妥当でしょう。ナイル川には睡蓮(スイレン)がたくさん生えていたため、「いっぱい」のイメージをもったのかもしれません。エジプト神話には、1本のヨザキスイレンから世界が生まれた、という言い伝えがあります。

10000（1万）はパピルスの芽とされているもの。ナイル川が氾濫したあと、このパピルスが一気に芽を出すイメージから採用したようです。100000（10万）はワニのようにも見えますが、オタマジャクシだとされます。ナイル川にオタマジャクシがウジャウジャいる姿が思い浮かびます。

1000000（100万）は、あまりの多さに驚いている姿で、さらに1000万の記号は太陽の形がもとになっています。

α, β, γ……

ギリシア数字って？
古代と後世では違う数字

● 古代ギリシア数字は整理できていた

エジプトの次は、やはり古代ギリシアです。古代ギリシアでは、次のような数字（**アッティカ式**）が使われていました（次項のローマ数字に似ていますが別物です）。

Ⅰ	Ⅱ	Ⅲ	ⅢⅠ	Γ
1	2	3	4	5
ΓⅠ	ΓⅡ	ΓⅢ	ΓⅢⅠ	Δ
6	7	8	9	10
ΔΓ	ΔΔ	𐅄	Η	𐅅
15	20	50	100	500
Χ	𐅆	Μ	𐅇	
1000	5000	1万	5万	

1～4は古代エジプトと同じようなタテ棒ですが、5になると古代エジプトのようにタテ棒を2行に並べるのではなく、1つの新しい数字記号「Γ」をつくった点が違います。

この新しい5の記号Γの右ヨコにⅠ, Ⅱ, Ⅲ, ⅢⅠをΓⅠ, ΓⅡ, ΓⅢ, ΓⅢⅠと並べていくことで、6～9を表しました。この後、Γの記号は、さらに発展した使われ方をします。

10にも新しい記号Δを用いて、20＝ΔΔ, 30＝ΔΔΔ, 40＝ΔΔΔΔとしました。さらに、50は新しい記号𐅄（Γの中にΔを入れたもの）とすれば、60, 70, 80, 90を表せるというわけです。以下

同様に、

100はH、500はΓにHを入れた𐅅で、600なら𐅅H
1000はX、5000はΓにXを入れた𐅆で、6000なら𐅆X
10000はM、50000はΓにMを入れた𐅇で、6万なら𐅇M

こうして見てくると、古代ギリシア数字は実に行儀よく、整理整頓が行き届いた数字をなしています。この古代ギリシア数字で表せる最大数は、99999となるのです。

𐅇MMMM	𐅆XXXX	𐅅HHHH	𐅄ΔΔΔΔ	ΓIIII
90000	9000	900	90	9

しかし、上の配置を見ても、古代ギリシアの数字はとても長いですね。これで足し算をしようとすると、とても複雑になります。

これが、後期のギリシア数字（**イオニア式**）になると、「1つの数字に1つの記号」をあてがうように変化します。たとえば、$\omega\mu\beta$と書いて、それが数字（842）だと示すときには、$\omega\mu\beta'$のように最後にアポストロフィを付けて区別します。

α	β	γ	δ	ε	ς	ζ	η	θ	ι	κ	λ	μ	ν	ξ	ο	π	ϙ
1	2	3	4	5	6	7	8	9	10	20	30	40	50	60	70	80	90

ρ	∂	τ	υ	φ	χ	ψ	ω	∋	͵α	͵β	͵γ	……
100	200	300	400	500	600	700	800	900	1000	2000	3000	

Ⅰ，Ⅱ，Ⅲ……

ローマ数字のふしぎ
計算しやすい記号!?

次に、ローマ数字を見てみましょう。**ローマ数字**は古時計の文字盤にも使われているためか、**時計数字**とも呼ばれます。

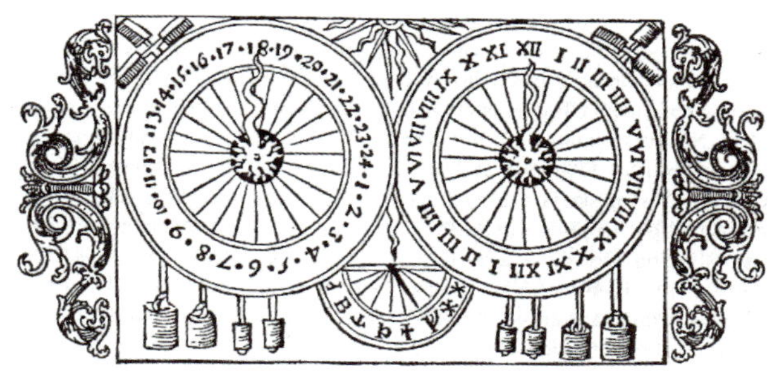

ウプサラ大聖堂の時計（16世紀の版画）

この時計の絵（版画）は、スウェーデンのウプサラ大聖堂（高さ・幅が118.7m）にあった時計を16世紀に描いたものとされ、文字板にはアラビア数字（算用数字）とローマ数字の2つで書かれています。時計自体は大聖堂の火事とともに消失したようです。

ローマ数字を1から10まで並べてみましょう。ローマ数字には、大文字と小文字の区別があります。

Ⅰ，Ⅱ，Ⅲ，Ⅳ（ⅡⅡ），Ⅴ，Ⅵ，Ⅶ，Ⅷ，Ⅸ（ⅧⅠ），Ⅹ

ⅰ，ⅱ，ⅲ，ⅳ（ⅲⅰ），ⅴ，ⅵ，ⅶ，ⅷ，ⅸ（ⅷⅰ），ⅹ

もう1つ、ローマ数字には大きな特徴があります。それは数字自体に、足し算・引き算の「計算機能」をもっていることです。たとえば、Ⅱという数字。実は、これは「2」を表す数字というよりも、「1＋1」を表しています。つまり、Ⅰの右ヨコにⅠを置くと、Ⅰ＋Ⅰ＝Ⅱという足し算になるルールなのです。

Ⅱ＝Ⅰ＋Ⅰ，　Ⅲ＝Ⅱ＋Ⅰ，　ⅢⅠ＝Ⅲ＋Ⅰ

そして「4」になると、2通りの書き方があります。初期には、Ⅲの続きを「ⅢⅠ」とする方法（上の図の通り）。

もう1つの方法は、「5から1を引いてしまおう（5－1）」とするもの。これは後の時代になって生まれたもので、とくに「**減算則**」と呼んでいます。

足し算で4を表す　ⅢⅠ＝Ⅲ＋Ⅰ

引き算で4を表す　ⅢⅠ＝Ⅴ－Ⅰ＝Ⅳ

引き算の場合は、
Ⅴの左ヨコに置く

Ⅴは「5」の意味

減算則の場合、引く数（小さい数）は大きな数（この場合は5＝Ⅴ）の左ヨコに置きます（右ヨコに置くと、足し算になる）。

足し算では、**足す数を右ヨコに置く**

引き算（減算則）では、**引く数を左ヨコに置く**

これは古代エジプトと同様、4や5になると、区別が付きにくいため、と考えられています。たとえば、

Ⅰ，Ⅱ，Ⅲ，ⅢⅠ，ⅢⅡ，ⅢⅢ，ⅢⅢⅠ，ⅢⅢⅡ，ⅢⅢⅢ

と書いていたら、ⅢⅠ（4）とⅢⅡ（5）でさえ区別しにくいのに、ⅢⅢ，ⅢⅢⅠ，ⅢⅢⅡ，ⅢⅢⅢ（6～9）になってくると、もはや見るのさえ苦痛です。

そこで、真ん中の5で新しい数字記号「Ｖ」を考案。4についてはＶの左ヨコにＩを置いて減算則とする、というルールにしました。その結果、「Ⅳ」という記号が誕生します。だから、**Ⅳは数字記号であるとともに、引き算でもある**のです。

ただし、Ⅲを使うのはタブーというわけではありません。実際、ウプサラ大聖堂の文字盤を見ると、しかし、一般的にはⅢよりも減算則を使ってⅣとすることが多いようです。

では、4だけでなく、3の場合も減算則を使って「ⅡＶ」のように書いてもいいのでしょうか。それは許されません。なぜなら、

減算則は同じ形が4つ以上連続する場合に使われる

というルールがあり、3（Ⅲ）の場合は3連続にすぎないから、ルール違反になるわけです。

次に、5より大きな数字を考えてみましょう。5より大きい場合、Ｖの右側（つまり足し算）にⅠ, Ⅱ, Ⅲと置いていくことで、

Ⅵ（6）, Ⅶ（7）, Ⅷ（8）

と表せます。9に関しても4と同様で、「10－1」と減算則を使うのが一般的です。「4つ以上連続する」からです。

ここでローマ人は、10の新しい記号「Ｘ」をつくりました。このＸの形は、Ｖの記号を上下ひっくり返した「Λ」をＶの下に付けて「10の数字Ｘができた!」という話もありますが、真偽は定かではありません。

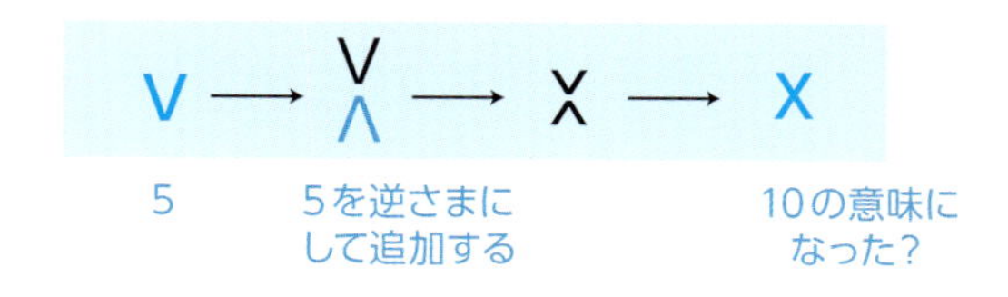

このXの左ヨコにIを置いて「IX」とします。これが減算則による9というわけです。ただ、VIIIにIを足してVIIIIとしてもかまいませんが、現在はあまり使われていません。

● ローマ数字は4000以上の数字を表せない？

ローマ数字では減算則を利用するため（判別しやすくするため）、50と100、500と1000なども新たな記号が必要となってきます。それが次の記号です。このローマ数字を使って、数字をつくってみましょう。

ローマ数字	I	V	X	L	C	D	M
アラビア数字	1	5	10	50	100	500	1000

【問題】 ローマ数字を利用して、次の数字を表すと？
① 40　② 700　③ 3141　④ 4000

① 40は「50－10」の減算則から、L－X＝XL
② 700は「500+200」なので、D+CC＝DCC
③ 3141は下2ケタ目の「4」で減算則を利用
3000+100+（50－10）+1なので、MMMCXLI

この③になると、数字の区切り（ケタ）がほとんどわからなくなります。位取りがあれば、何ケタの数字かすぐにわかるのですが、ローマ数字では、おそらく見にくかったものと思います。

④は「表せない」が答えです。

というのは、ローマ数字で扱える整数は、1から3999までとされているからです。MMMMとすれば4000を表記できますが、同じ数字記号を4つ連続させないルールの縛りから、最大値は3999といえます。

ただ、蛇(じゃ)の道はへび。何にでも「抜け道」はあります。ローマ数字にはいくつか異なる表記があるからです。たとえば、ローマ数字の上にバーを付けると、その部分は1000倍と考え、「$\overline{\mathrm{VII}}$CCCLIX」であれば7359となります。

こんなところにもローマ数字は使われている！

ローマ数字は、現代でも特別なネーミング例として見かけます。アップル社の「MacOS」では、システム9までは算用数字を利用していましたが、10になるとMacOS 10とせずに「MacOS X」と書き、「テン」と読ませていました（2016年から、macOS 10.12といった表記に変更）。

ローマ法王ベネディクト16世はBenedict XVIが正式名ですし、イギリス女王はエリザベスⅡ世、さらに、ヘビーメタルバンドの聖飢魔Ⅱの例もあります。

ローマ数字は現代でも使われている

1, 2, 3, 4, 5……

インド生まれのアラビア数字？

そして現在の「数学記号」が生まれた！

ふだん、私たちが使っている数字、1，2，3，4，5……は、「**アラビア数字**」と呼ばれています。本来、アラビア数字はインドで生まれたものなので「インド数字」と呼ぶべきですが、ヨーロッパ人にとっては、アラビアを経由して伝わって自分たちの国にやってきた数字のため、アラビア数字と呼ばれるようになりました。このため、本来なら「インド数字」、あるいは「**インド・アラビア数字**」というべきものです。

日本では筆算に用いられていたので「**算用数字**」として知られています。

インドからアラビアを経由してヨーロッパへ

インド数字の最大の功績は「0の発見」です。古代インドで用いられたブラーフミー数字（紀元前3世紀より前）には「0」はありませんでしたが、12世紀のイタリアのピサに住んでいたレオナルド・フィボナッチ（1170～1250頃）は、『算盤の書』（Liber abaci）の中で、インド・アラビア数字に「0」（zephir）が存在することを明らかにしました。

「9つのインドの数字は次の通り、9, 8, 7, 6, 5, 4, 3, 2, 1です。これらの9つの数字とアラブ人がzephir（ゼロ）と呼ぶ符号0は、数字が何も書かれていなくても、数字が終わりなく一歩ずつ増加するように書かれています」とあります。

なお、レオナルド・フィボナッチの『算盤の書』（Liber Abaci）の英文翻訳は、シュプリンガー社の以下のURLから購入、あるいは試し読みができます。

https://www.springer.com/jp/book/9780387407371

	1	2	3	4	5	6	7	8	9	0
12世紀										
12世紀										
13世紀										
13世紀										
14世紀										
14世紀										
15世紀										
15世紀										
16世紀										

※インドに源をもつアラビア数字は15～16世紀に今日の形に整ってきた

「インド発」のインド・アラビア数字の「数字」の変遷

● 位取りに「0」を使うメリット

「位取り」には、どのようなメリットがあるのでしょうか。逆にいうと、位取りをしなかった場合、どんなデメリットがあるのでしょうか。

たとえば、本来は「5301」という数があったとき、これを十の位が「無い」として記述すると、どうなるでしょう。つまり、531のように、無い位（ケタ）はすべて詰めて書いてしまうという流儀であれば、初めの5が百の位なのか（531）、千の位なのか（5301か5031か）、万の位なのか（53001か50301かなど）がわかりません。

そこで、十の位には「何も無い」ことをはっきりと示す記号として「·」が考えられ、さらに「0」を考えたわけです。すると、「53·1」あるいは「5301」と書くことができます。

ローマ数字は3999までしか数えられませんでしたが、インド・アラビア数字は「0」をもつことで、どこまでも大きな数字を書き出すことができるようになったのです。たかが0、されど0。

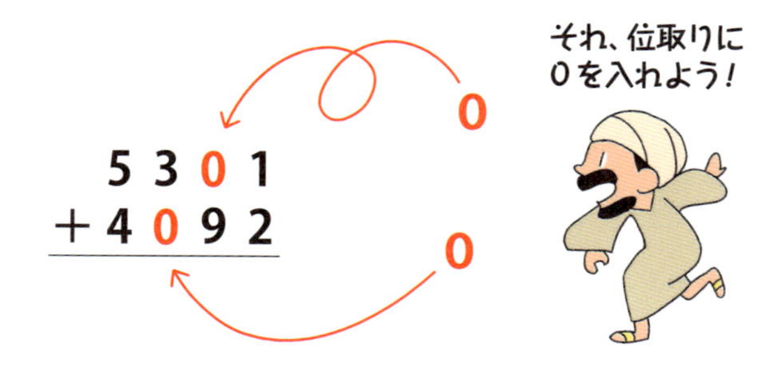

「数字記号」クイズ

Q 次の①～⑩の下の記号は、それぞれアラビア語の数字の0～9を表しています。それぞれいくつでしょうか?

①	②	③	④	⑤	⑥	⑦	⑧	⑨	⑩
٢	٠	٤	٧	٦	٥	٨	٩	١	٣

私たちは、「アラビア数字と算用数字は同じ」と考えがちですが、実際のアラビア数字はかなり違います。中東に行く際は、数字は読めるようにしておきたいものです。

正解	0	1	2	3	4	5	6	7	8	9
アラビア数字	٠	١	٢	٣	٤	٥	٦	٧	٨	٩
ペルシア数字	۰	۱	۲	۳	۴	۵	۶	۷	۸	۹

筆者がテヘラン空港に降り立ち、まずは現地通貨(イランのリアル)に交換したとき、「いくらの紙幣とコインかな」と見て「ヤバ!……何だこの数字は?」と思いました。

皆さんは大丈夫ですよね。ちなみに、アラビア文字やペルシア文字は「右から左に」書きますが、数字だけは「左から右」です。

20リアル紙幣と5リアル硬貨

モノ、ジ、トリ……

ギリシア・ラテン由来の数詞

言葉の語源もわかる

数量や順序を表す言葉のことを「**数詞**」といいます。ふつう、鉄道は2本のレール上を走りますが、それが1本のレールの場合、「レール」という言葉の前に、ギリシア数詞の「1」を表す「mono」を付けて「モノレール」と呼ぶようなものです。

ギリシア語ルーツの数詞、ラテン語ルーツの数詞を10まで知っているだけで、かなりの言葉に通じることができますので、用例とともに覚えておくと便利です。

ギリシア数詞		
①	mono-	モノ
②	di-	ジ、ディ
③	tri-	トリ
④	tetra-	テトラ
⑤	penta-	ペンタ
⑥	hexa-	ヘキサ
⑦	hepta-	ヘプタ
⑧	octa-	オクタ
⑨	ennea-	エンネア
⑩	deca-	デカ

ラテン数詞		
①	uni-	ユニ
②	bi-	ビ、バイ
③	tri-	トリ
④	quadr-	クワドロ
⑤	quinqu-	クインク
⑥	sex-	セクス
⑦	sept-	セプト
⑧	oct-	オクト
⑨	nona-	ノナ
⑩	deca-	デカ

【モノ、ユニ＝1】

モノポリー……独占。1社で市場を奪うため。

モノトーン……単色。墨絵の世界です。

モノレール……レールが1本なので。

ユニーク……唯一の、一意、独特の、2つとない。「ユニークなやつだなぁ」というと、「変わり者」というマイナスイメージがあるが、本来はよいイメージで使うことが多い。

ユニポーラトランジスタ……「電子」のみをキャリアとして使うトランジスタのこと。　→バイポーラトランジスタ

ユニフォーム……制服（1つに揃えられた服）。

【ジ、ディ、ビ、バイ＝2】

ジレンマ……2つ（2人）の間での板挟み。

バイポーラトランジスタ……「電子」と「ホール」の2つのキャリアを使用するトランジスタのこと。

→ユニポーラトランジスタ

バイセクル（自転車）……2輪車なので。

バイナリ（2進法）……コンピュータの世界でよく使われる。

ビリオン……1兆。イギリスでは100万（ミリオン＝million）の2乗なので1兆となる（ロングスケールという）。ただし、アメリカでビリオン（＝billion）といえば、100万の1000倍の10億（ショートスケール）を指す。最近ではイギリスでもビリオンは1000ミリオンとして使われることが多いが、billionといわれた場合は確認したほうがよい。

【トリ＝3】

トリオ……3人組。

トライアスロン……水泳、自転車、長距離走の3種目競技。

トライアングル……音楽の打楽器。

トリプルプレイ……三重殺。野球で、ワンプレイで一挙に3人をアウトにすること。

【テトラ、クワドロ＝4】

テトラポッド……海岸の浸食防止のために置かれている4脚のブロック。現在は6脚、中空三角錐型、ドーム型などもある。なお、テトラポッドは商標登録されており、一般名詞は「消波(しょうは)ブロック」（波消(なみけ)しブロックともいう）。

テトラパック……飲料などの容器として使われる紙製の正4面体の箱（四角錐ではなく、三角錐）。三角パックとも呼ばれる。なお、テトラパックも商標登録されており、一般名詞は紙パック。また、直方体に紙を折った箱型紙容器はブリックパック（商標登録：ブリックとはレンガの意味）ともいうが、一般名詞はこちらも紙パック。

テトラ……熱帯魚の種類。南米に棲むネオンテトラ、カージナルテトラなどカラシン目の淡水魚。一説には尻ビレが四角形であることからの命名というが、詳細は不明。

【ペンタ、クインク＝5】

ペンタゴン……アメリカ国防総省。建物を上から見たとき、正五角形になっていることからの通称。

ペンタックス……日本のカメラメーカーの1つ。ペンタプリズムの五角形に由来する。

【ヘキサ、セクス＝6】

ヘキサデシマル……16進数。

ヘキサゴン……6角形。

【ヘプタ、セプト＝7】

ヘプターキー……イギリス七王国（キーは「王国」の意味）。5世紀～9世紀に覇を競った。

【オクタ、オクト＝8】

オクトパス……タコ（足が8本なので）。

オクターブ……音楽での8度音程（ドレミファソラシド）。

オクタン価……クルマのノッキングの起こりにくさ。オクタンとは、炭素原子を8個もつ飽和炭化水素のこと。

オクトーバー……現在は10月だが、本来は「8番目」の月。

【エンネア、ノナ＝9】

ノベンバー……現在は11月だが、本来は「9番目」の月。

【デカ＝10】

デカメロン……『十日物語』。

デカスロン……10種競技。

1

こんなところで使える！

1～10の数詞を見て、Y社の経理部で働くマユミさん、ちょっと面白くないようです。さっそく同じ大学の先輩ユージさん（製品開発部）に疑問をぶつけてみました。

マユミ：センパイ！　こんな形で「アタマ」に数詞を付けたものがいっぱいあることはわかりましたけど、雑学知識にすぎないんじゃないですか。高校時代に勉強するとか、「これを習うと役に立つ」とかなら、いいんですけど……。

ユージ：高校時代？　英単語だって「語源」を知ると、芋づる式に意味がわかるでしょ。たとえばsub-は「下」とか「副」って意味だから、subway（下の道）で地下鉄だし、submarine（海の下）で潜水艦。最近の言葉ではサブスクリプション（subscription）契約もある。

マユミ：化学とかは、暗記ばかりでしたよ。

ユージ：化学の世界こそ、ギリシア語・ラテン語の数詞が役立つよ。「2，3，4」などの意味を含む名称では、「ジ、トリ、テトラ」がアタマに付くことが多いんだ。

たとえば、CH_3Clは「クロロメタン」と読むけど（CH_3の部分がメタン、Clの部分がクロロ＝塩素）、図を見てもわかるように、クロロ＝塩素（Cl）は1個でしょ。

ここで、Cl（クロロ：塩素）の数が2個、3個、4個と増えていくと、名前が規則的に変わっていくんだ。

CH_3Cl　（クロロメタン）… Clが1つ。「モノ」は略

→CH_2Cl_2（**ジ**クロロメタン）…Clが2つ「**ジ**」

→$CHCl_3$（**トリ**クロロメタン）…Clが3つ「**トリ**」

→CCl_4（**テトラ**クロロメタン）…Clが4つ「**テトラ**」

マユミ：知りませんでした。早く知っていればよかった……。

ユージ：今からでも遅くないよ。覚えればいいんじゃない？

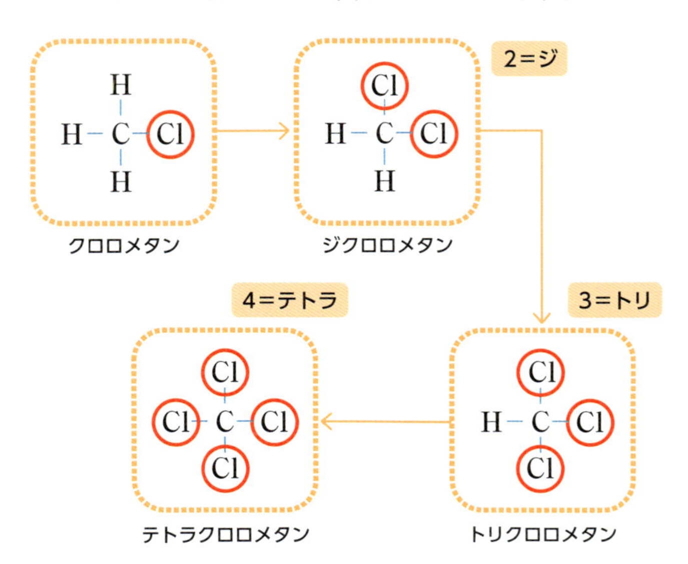

万、億、兆、京……

日本の大きな数・小さな数

数字の世界の果ては？

日本では、数は「一（壱）、十（拾）、百、千、万」と数えていき、「万」の次の単位は「億」、その後は兆、京、垓……という名前（数詞、命数法）があります。

たとえば、万（10^4）の場合、1000万（10^3万）までは万のテリトリーですが、10000万（10^4万）になると、つまり「次の万」（10^8）で「億」になります。この億も10000億（10^4億）、つまり「次の万」で「兆」に昇格です。

かんたんにいうと、「1万倍ごとに、万→億→兆→京→垓→……」と移っていくわけです（**万進**という）。これが次ページの大数の表（左側）です。とても、わかりやすい！

けれども、この形（10^4の万進）になるには、時間を要しました。もともと、「万→億→兆……」という命数法は中国から来たもので、当の中国では混乱していました。当初は、1000万の次は「億」というところまでは同じでしたが、その後は、「万進」ではなく、たった10倍で「兆」と名付けていたといいます（下数）。いわば、10進です。

ところが、漢の時代になると、これが一変し、「億（10^8）」までは同様ですが、この後は10倍で進むどころか、「億・億＝兆（10^{16}）」、「兆・兆＝京（10^{32}）」になるという、超累進的なスタイルになります。これを下数に対し、上数といいます。

そして、その間を取るような方式（中数）も現れます。ただ、その方式も紆余曲折します。最初は「万進」ではなく、「**万万進**」

というもので、億の万万倍で兆（10^{16}）、そして兆の万万倍が京（10^{24}）というものでした。中国では、混乱の極みを見たのです。

それを輸入した日本では、「万」ごとに進む「万進」が一般的に採用され、とてもわかりやすい体系になっています。

一	いち	1	一	いち	1
十	じゅう	10	分	ぶ	0.1
百	ひゃく	100	厘	りん	0.01
千	せん	1000	毛	もう	0.001
万	まん	10^4	糸	し	10^{-4}
億	おく	10^8	芴	こつ	10^{-5}
兆	ちょう	10^{12}	微	び	10^{-6}
京	けい	10^{16}	繊	せん	10^{-7}
垓	がい	10^{20}	沙	しゃ	10^{-8}
秭、杼	じょ、し	10^{24}	塵	じん	10^{-9}
穣	じょう	10^{28}	挨	あい	10^{-10}
溝	こう	10^{32}	渺	びょう	10^{-11}
澗	かん	10^{36}	漠	ばく	10^{-12}
正	せい	10^{40}	模糊	もこ	10^{-13}
載	し	10^{44}	逡巡	しゅんじゅん	10^{-14}
極	ごく	10^{48}	須臾	しゅゆ	10^{-15}
恒河沙	ごうがしゃ	10^{52}	瞬息	しゅんそく	10^{-16}
阿僧祇	あそうぎ	10^{56}	弾指	だんし	10^{-17}
那由他	なゆた	10^{60}	刹那	せつな	10^{-18}
不可思議	ふかしぎ	10^{64}	六徳	りっとく	10^{-19}
無量大数	むりょうたいすう	10^{68}	虚空	こくう	10^{-20}
			清浄	せいじょう	10^{-21}

日本の大数・小数の単位と読み方

マユミ：日本はトクした、ということですか？　とにかく、混乱なく、統一されていてよかったですね。

ユージ：これほど中国で混乱したのに、日本には全然影響がないと思うのは、ちょっと認識が甘いかな。たとえば、江戸時代の『塵劫記（じんこうき）』にもいろいろな版（本のバージョン）があって、少しずつ違うんだ。実際、「万進」の本もあるけれど、恒河沙から「万万進」を使っている版もある。そうすると、「万進」だと無量大数は10^{68}になるけど、「万万進」の版になると、無量大数は10^{88}ケタになる。

マユミ：ずいぶん違うし、社会がこんがらがってしまいますね。

ユージ：下の『塵劫記』は国立国会図書館にあるものだけど（同じ版の現代語訳は岩波文庫にある）、これになると、「無量」と「大数」が違う数詞として扱われている。現物にあたると、面白い事実が見えてくるってわけ。

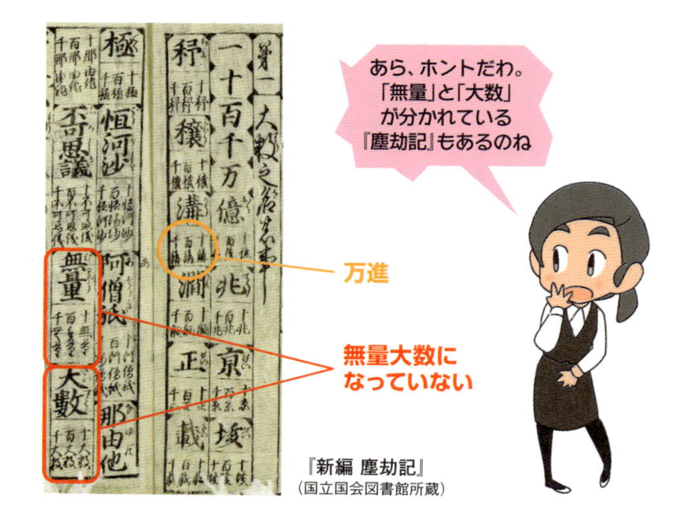

『新編 塵劫記』
（国立国会図書館所蔵）

第2部

記号編

「記号」が
読めれば
数の世界を
もっと
楽しめる！

2

ローマン体か、イタリック体かそれが問題だ!

sin　cos　tan　点P　5km

$$y=ax^2+bx+c$$

ローマン体とイタリック体を分かつのは何?

「記号」の話に入る前に

ローマン体とイタリック体

どんな区別があるのか？

「記号を書く」ときに迷うことがあります。その多くは、

1. 大文字で書くのか、小文字なのか
2. ローマン体（立体）で書くのか、イタリック体（斜体）か
   ── ローマン体とは「A, m」のように文字が正立している書体（立体）。イタリック体とは「A, m」のような斜体。
3. ギリシア語か、アルファベットか

などでしょう。身近な事例でいうと、牛乳などの容量については以前は「mℓ」が中心で、教科書でもリットルは「ℓ」と書いていました。しかし、今は「mL」の表記が推奨されています（国際単位系SIに準じて）。つまり、**リットルは大文字のローマン体（立体）で書く**、というわけです（エルの小文字「l」でもいいけれど、数字の「1」と見間違えやすい）。

∞は無限か？ それとも8か？

「そんなの、意味が通じれば十分じゃん」という人もいるでしょう。けれども、記号に使える形（多くはアルファベット、ギリシア文字）には限りがあります。「∞」という記号は数学では「無限」を表しますが、「関ジャニ∞」のように、「エイト」と読ませることだって可能です。だからといって、関ジャニファンが、数学のテストの中で8のことを「∞」と書いたらバッテンです。やはり、記号はちゃんと決められた読み方・使い方をすることが必要ですね。

また、数学の数直線や座標では、原点は「0」(ゼロ)のように見えますが、アルファベットの「O」(オー)のようにも見えます。どっちが正しいのでしょう？（正解は「O」(オー)）

これって、間違って使うと、「なんだ、数直線の原点の書き方・読み方も知らないのか」と見られてしまい、ソンをします。

● α、βを書けますか？

筆者の会社員時代、部下が相手先で「α、βを書いてみて」といわれて左下のように書き、帰社後、「そんなもん、わかりませんよねぇ」と同意を求めてきました。筆者は、心の中で「バッカモン!」と叫んでいました。

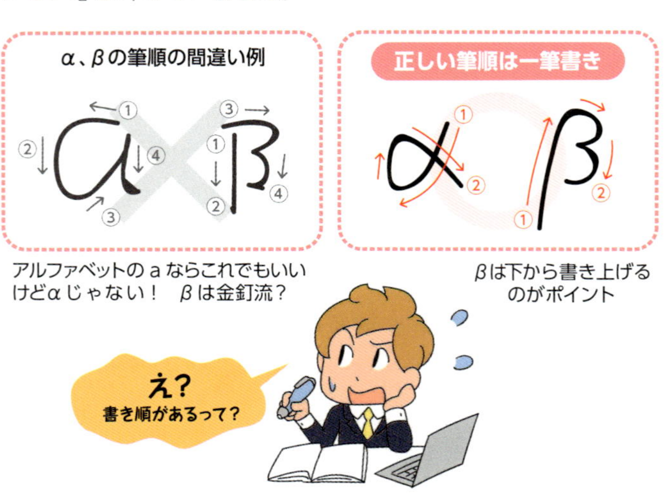

アルファベットのａならこれでもいいけどαじゃない！　βは金釘流？

βは下から書き上げるのがポイント

このときばかりは、記号の意味や使い方がどうのこうのという前に、まずは「記号を読める・書ける」ことが先決だなと、痛感しました。というわけで、ギリシア式の一般的な読み方を表にしておきました。全部で24文字あります。

大文字	小文字	一般的な読み方
Α	α	アルファ
Β	β	ベータ
Γ	γ	ガンマ
Δ	δ	デルタ
Ε	ε	イプシロン、エプシロン
Ζ	ζ	ゼータ
Η	η	エータ、イータ
Θ	θ	シータ、テータ、セータ
Ι	ι	イオタ
Κ	κ	カッパ
Λ	λ	ラムダ
Μ	μ	ミュー
Ν	ν	ニュー
Ξ	ξ	クシー、グザイ
Ο	ο	オミクロン
Π	π	パイ
Ρ	ρ	ロー
Σ	σ	シグマ
Τ	τ	タウ
Υ	υ	ウプシロン、ユプシロン
Φ	φ	ファイ
Χ	χ	カイ、キー
Ψ	ψ	プサイ、プシー
Ω	ω	オメガ

ギリシア文字の大文字・小文字の読み方

●「単位は立体（ローマン体）、量はイタリック」が原則

本書はこれ以後、数学記号を中心にしていきますが、この項目では、物理・化学の記号の書き方について、かんたんに触れておきます。物理・化学では、それが「単位」なのか、「量（物理量）」なのかによって、記号の表記が違います。

たとえば、長さのメートルは「m」と書きますが、これは長さの単位です。このとき、「**単位の記号は立体で書く**」と決めてあるので、イタリック体で「m」と書くと間違いで、正解は立体の「m」です。

ところで、「重さ（質量）」というとき、m = 30kgとかm = 20kgのように書きます。このときの「m」は30とか20の物理量を表すものなので、単位記号と区別するため、イタリック体で書きます。**単位は立体で、物理量はイタリック体**です。

なお、基本単位には、大きく次の7つの種類があります。

基本量	名称	記号
① 長さ	メートル	m
② 質量	キログラム	kg
③ 時間	秒	s
④ 電流	アンペア	A
⑤ 温度	ケルビン	K
⑥ 物質量	モル	mol
⑦ 光度	カンデラ	cd

マユミ：え、これで基本単位のすべてですか？　たとえば、長さはmとありますが、cmとかはどうなっているんですか？

ユージ：cmのcなどは接頭辞といって、基本単位の10^3倍（キロ）とか、逆に$1/10^3$（ミリ）といった意味を表す文字をm（メートル）のアタマに付ける。1000mなら1kmという具合。ここでもギリシア語がよく使われているでしょ。

数	指数	記号	名称
1,000,000,000,000,000,000,000,000	10^{24}	[Y]	ヨタ
1,000,000,000,000,000,000,000	10^{21}	[Z]	ゼタ
1,000,000,000,000,000,000	10^{18}	[E]	エクサ
1,000,000,000,000,000	10^{15}	[P]	ペタ
1,000,000,000,000	10^{12}	[T]	テラ
1,000,000,000	10^{9}	[G]	ギガ
1,000,000	10^{6}	[M]	メガ
1,000	10^{3}	[k]	キロ
100	10^{2}	[h]	ヘクト
10	10^{1}	[da]	デカ
1			

指数	記号	名称	数
10^{-1}	[d]	デシ	0.1
10^{-2}	[c]	センチ	0.01
10^{-3}	[m]	ミリ	0.001
10^{-6}	[μ]	マイクロ	0.000 001
10^{-9}	[n]	ナノ	0.000 000 001
10^{-12}	[p]	ピコ	0.000 000 000 001
10^{-15}	[f]	フェムト	0.000 000 000 000 001
10^{-18}	[a]	アト	0.000 000 000 000 000 001
10^{-21}	[z]	ゼプト	0.000 000 000 000 000 000 001
10^{-24}	[y]	ヨクト	0.000 000 000 000 000 000 000 001

SI単位系の接頭辞（大きい数・小さい数）

結局、おおもとの**「基本単位」って、他の単位では置き換えが利かないもの**をいうんだ。たとえば、体積はm^3だけど、これは基本単位のm（長さ）を3乗したもの。密度はg/cm^3だけど、g（グラム）は1kg/1000だから、質量（重さ）と体積の2つで表せる。

マユミ：上の表でキロ（K）は小文字のkになってますけど。

ユージ：うん、10^3単位で見ると、大きい数のkだけ小文字だね。なぜかというと、kの場合、42ページの「温度」でケルビンの記号が大文字のKでしょ。だからキロには小文字のkを使う習わしなんだ。例外は何でもある、ってこと。

アルファベット（alphabet）はa～zまでの26文字で、これはギリシア語の24文字をもとにしています。そもそも、**アルファベット**とは、最初のα β（アルファベータ）に由来しています。

5世紀の古英語（アングロサクソンルーン文字）は7世紀頃から徐々にラテン文字に置き換えられ始め、Þ（ソーン）やÆ（アッシュ）などの文字が加わったり削除されながら、現在のAからZまでの26文字に落ち着きました。

「ABCの歌」は英語圏の子どもたちがアルファベットを覚えるための歌で、最初に日本に紹介したのは江戸末期のジョン万次郎（中濱（なかはま）萬次郎）とされています。

「C」はギリシア文字の「Γ, γ」（ガンマ）に相当します。

Cといえば本書の最終ページ（奥付）に著作権（Copyright）を表す©（マルシーマーク）が掲載されています。本来、ベルヌ条約加盟国間では、著作権に関して「明示的な表示がなくても、著作権は自動的に発生する」という無方式主義を取っていて、日本は条約加盟国ですから©表示は不要です。しかし、長らくアメリカがベルヌ条約に加盟していなかったため、対抗措置として付けていたのが©マークです。

1989年、アメリカもベルヌ条約に加盟した段階で、この©マークは実質的に不要になっていますが、現在も慣例的に付けている出版社が多いようです。

$a, b, c \sim x, y, z$

aはなぜ定数？　xはなぜ変数？

エイ、ビー……（定数）／エックス、ワイ……（変数）

●定数？　変数って？

中学校に入ると、算数が「数学」という名前に変わり、さらに「文字式」とか「方程式」というものが出てきて、急にややこしくなってきます。また、「定数」や「変数」という言葉も出てきました。$ax+b$とか、$y=ax^2+bx+c$の形です。

定数とは、「ある数に定まっている数（一定の数）」のことで、変数とは「未知な数、あるいは値の変化する数」のことをいいます。そして、ふつうはaやb, cを定数の記号として使い、xあるいはy, zを変数の記号として使います。

●なぜ「x」が変数なのか？

では、定数はなぜa, b, cで、変数はなぜx, y, zなのでしょうか。

最初にxを変数として扱ったのは、ルネ・デカルト（仏：1596～1650）とされています。それは1637年に刊行された『幾何学』（La Géométrie de Descartes）の中で、

定数……a,b,c　　　変数……x,y,z

として使っていたためです。ただ、デカルトがなぜそうしたのか、正確な理由は不明です。理由の1つとして知られているのは、当時、活字のxが余っていたため、印刷業者から「xを使ってほしい」とデカルトに依頼があったというものです。

筆者自身も『シャーロック・ホームズの冒険』全12作で使われている文字の頻度を調べたところ、たしかにxが少ないことがわかっていますが、それだけの理由で、後世の人々がxを変数とした（逆に、aを定数とした）のはナットクしにくいですね。

デカルトが最初に使い始めたのを見て、他の数学者も「定数にはa, b, cを使い、変数にはx, y, zを使う」という使い分けを始めたというのが本当のところかもしれません。

記号が広まる要因は？

ある記号が広まっていくには、いくつかの条件が必要だと思います。第一に「使いやすさ」です。それだけでなく、弟子の多さ、影響力の大きさも重要です。その意味で、aが定数、xが変数として広まった最大の理由は、デカルトの影響力そのものだったように思います。

numerical sequence

$\{a_n\}$
エイエヌ（数列）

数列を表すときによく使われるのが$\{a_n\}$という記号です。{　}という中カッコそのものは集合でもよく使われます。

まず、数列とは何でしょうか。**数列とはシンプルに、「数の並び」のこと**をいいます。

1, 3, 5, 7, 9, 11, 13, 15, ……　❶（奇数の数列）
2, 3, 5, 7, 11, 13, 17, 19, 23, 29, ……　❷（素数の数列）

数列の定義での最大の誤解は、**「数列とは、何らかの規則性（ルール）をもった数の並び」と間違えて覚えてしまう**ことです。

数列に規則性（前項と次項との間のルール）は必要ありません。もし数列に規則性が必須なら、乱数は数列とはいえなくなりますが、乱数は「ランダムな数列」です。また、❷は素数の数列です。素数にも規則性はありませんが（もしあれば、新しい素数を発見できるので、とても嬉しい！）、これも立派な数列で

次項を予測できない数列もある？

自然数	1, 2, 3, 4, 5, 6, 7, 8, 9, 10, ……
奇　数	1, 3, 5, 7, 9, 11, 13, 15, 17, ……
偶　数	2, 4, 6, 8, 10, 12, 14, 16, 18, ……
フィボナッチ数列	1, 1, 2, 3, 5, 8, 13, 21, 34, ……
乱　数	1613, 8053, 2732, 0927, 1113, 3000, ……

す。

マユミ：センパイ、数列には「規則性は必要ない」なんて、いってし

まっていいんですか？　教科書の数列の問題や入試では「規則性のない数列問題」なんて、私、見たことありませんよ。

ユージ：そりゃそうだよ。テストで数列の問題を出すときには、何らかの規則性を見つけ出すことが求められるからね。テストでの話と、数列の定義とは別、というだけ。

今、5の倍数の数列が5から35まであるとします。

$$5, 10, 15, 20, 25, 30, 35 \qquad ①$$

このとき、それぞれの数を「項」と呼び、いちばん最初の項は「初項」、それ以後は、第2項、第3項……と呼びます。この数列に、最後の項が存在する場合は「有限数列」といい、その最後の項を「末項」といいます。上の数列では「35」が末項に当たります。

また、次のように、無限に続く数列（無限数列）もあります。

$$5, 10, 15, 20, 25, 30, 35, 40, 45, \cdots\cdots \qquad ②$$

一般に、初項をa_1、第2項をa_2、第3項をa_3……第n項をa_n……としたとき、a_nを「一般項」と呼んでいます。

$$a_1, a_2, a_3, a_4, a_5, \cdots\cdots, a_n, \cdots\cdots$$

そして、この数列を{　}で囲んで、$\{a_n\}$で表すことがあります。それが冒頭の数列の記号（集合）です。②の「5の倍数の数列（無限数列）」であれば、

$$\{a_n\} = 5, 10, 15, 20, 25, 30, 35, 40, 45, \cdots\cdots \qquad ③$$

と書けます。具体的な数字が出てきてわかりやすくなる半面、書くのがかなりめんどうです。そこで、

$\{a_n \mid a_n$ は5の倍数$\}$ または $\{a_n ; a_n$ は5の倍数$\}$　④

という形で書いたほうが短いし、「5の倍数の数列だよ」と書かれているので、とても明確です。記号を使う、いい面ですね。

もう一度、①の数列を眺めてみましょう。

$\{a_n\} = 5, 10, 15, 20, 25, 30, 35$

ある項と次の項とを見比べると、すべて「5の差」になっています。このような差を「**公差**（記号 d）」と呼び、同じ間隔で増えたり、減ったりする数列のことを「**等差数列**」と呼んでいます。

$\{a_n\} = 5, 10, 15, 20, 25, 30, 35$

5　5　5　5　5　5

共通する差 ＝ 公差（d）

【問題】　■にはどのような数字が入りますか。

1, 1, 2, 3, 5, 8, ■, 21, 34, 55, ■, 144, 233, ……

上の数列は**フィボナッチ数列**と呼ばれるもので、■には13と89が入ります。この数列では「前2つの項の和」になっているからです。知らないと、関係を推測しにくい数列です。

足して3　足して8

1, 1, 2, 3, 5, 8, ■, 21, 34, 55, ■, 144, 233

足して2　足して5　足して13

前の２つの項を
足した数になってるんだ

sequence of differences

$\{b_n \mid b_n = a_n - a_{n-1}\}$

ビーエヌ（階差数列）

数列$\{a_n\}$に対し、付随する形で、**階差数列**を$\{b_n\}$と表すことがあります。

ここではクイズ形式でかんたんに見ておくだけにしましょう。

> **【問題】** ■にはどのような数字が入りますか。
>
> 1, 4, 9, 16, 25, 36, 49, 64, ■, 100, ■, ……

答えからいうと、■には81と121が入ります。これは1^2, 2^2, 3^2, 4^2, 5^2……という形だと予想できれば、9番目は9^2で、11番目は11^2です。よって、81と121です。

	1,	4,	9,	16,	25,	36,	49,	64,	81,	……
差	3	5	7	9	11	13	15	17	19	
差の差	2	2	2	2	2	2	2	2	2	

あれ？　最初は差が3,5,7……と同じではないように見えたけど、「差の差」を見ると、2ずつだ！

この問題は、「差」だけで見るとわかりにくいのですが、「差の差」まで見ると、「2ずつの増加」になっていることがわかります。このような数列が「**階差数列**」で、一般に$\{b_n \mid b_n = a_n - a_{n-1}\}$とか$\{b_n ; b_n = a_n - a_{n-1}\}$という記号で表します。

cup, cap, compliment

$\cup$, $\cap$, A^C, $\setminus$, $-$

カップ（和集合）／キャップ（積集合）……

何らかの条件によって区分できる「集まり」のことを「**集合**」といいます。下の絵のように、P小学校の生徒の集まり、カラオケ仲間Rの集まり（集合）も集合といえます。

P小学校の生徒の集まり、カラオケ仲間Rの集まり

集合を構成するものを「**元**（げん）」または「**要素**」といいます。

上の例では、P小学校のAくん、B子さん、Cくん……はP小学校の要素（元）で、カラオケ仲間Rの会員のXさん、Y子さんはカラオケ仲間Rの集合の要素（元）といえます。

集合の分野で最初に覚える記号といえば、$\cup$と$\cap$でしょう。

次の数字を見て、□にはどんな数字が入るでしょうか。

① 1 , 3 , 5 , 7 , 9 , 11, 13, □, 17, □, 21,……

② 5 , 10, 15, 20, □, 30, □, 40, 45,……

①の□には15,19が入り、②の□には25,35が入ります。な

ぜなら、①は「奇数の集まり」、②は「5の倍数の集まり」だからです。このように、何らかの条件によって区分できる集まりのことを「集合」といいます。そこで、①は「奇数の集合」、②は「5の倍数の集合」と呼びます。

● 2つの和だから「和集合」

この①、②を図にすると、次のように表せます。奇数の集合、5の倍数の集合には、「5, 15, 25, 35, ……」が両方に共通にあるので、円を重ねることで共有していることを示せます。

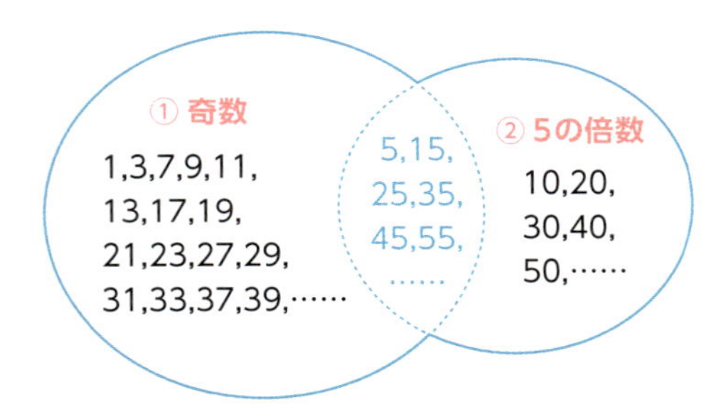

これを**ベン図**、あるいは**オイラー図**と呼びます（正確にはベン図とオイラー図は少し異なりますが、本書では「ベン図」で話を進めます）。

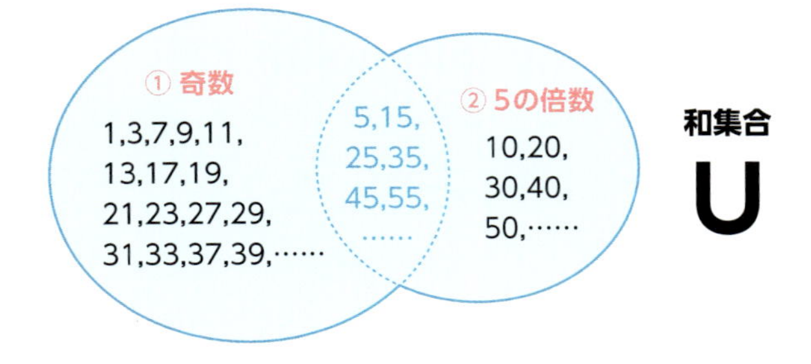

そして、この①と②の集合全体は、両円を前図で色を塗った部分です。いわば「①+②」の集合なので「**和集合**」(Union)と呼び、記号「∪」を使います。

∪はコーヒーカップに似た形のため「カップ」、あるいは「ユニオン」とも呼びます。

● 2つの重なりが「積集合」

今度は、2つの集合の「共通部分」、あるいは「重なり部分」を「∩」の記号で表します。

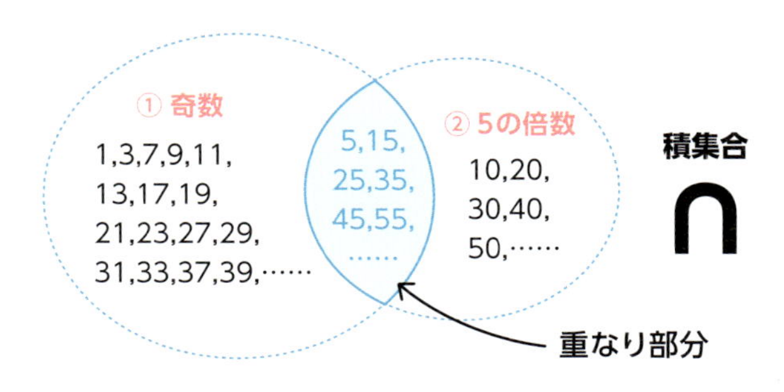

先ほどは「①+②なので和集合」といいましたが、今回は互いの共通部分だけなので「**積集合**」(intersection)といいます。野球帽に似ているので「キャップ」と呼ぶこともあります。

忘れたらコーヒーカップ、帽子(キャップ)を思い出そう

∪、∩の読み方にはカップ、キャップ以外にもいろいろとあります。自分の好きな（覚えやすい）名前で覚えましょう。

- $A \cup B$……AカップB、AとBの和集合、AとBの合併、AとBのユニオン、AとBの結び
- $A \cap B$……AキャップB、AとBの積集合、AとBの交わり

●2つの差が「差集合」

一般に、和集合（カップ）、積集合（キャップ）が有名ですが、和集合があれば「差集合」（set difference）もあります。

差集合とは、ある集合Aの中から、別の集合Bに属する要素を取り去ったときの集合のことです。その場合、$A \backslash B$、または$A - B$と表します。記号「\」は通常の「/」とは傾きが逆で、バックスラッシュと呼ばれる記号です。

次図の場合、①の集合の要素から、②の集合の要素を引いているので、①\②（あるいは①－②）と表します。

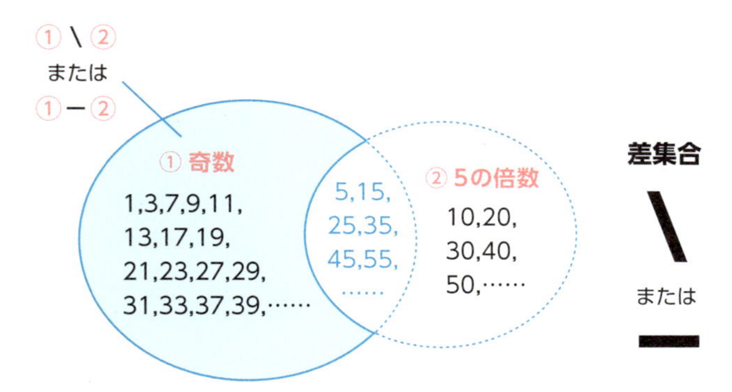

逆に、Bの集合の要素から、Aの集合の要素を引いたものを$B \backslash A$（あるいは$B - A$）と書きます。次の例では、上図と逆になっていて、②\①（あるいは②－①）と表します。

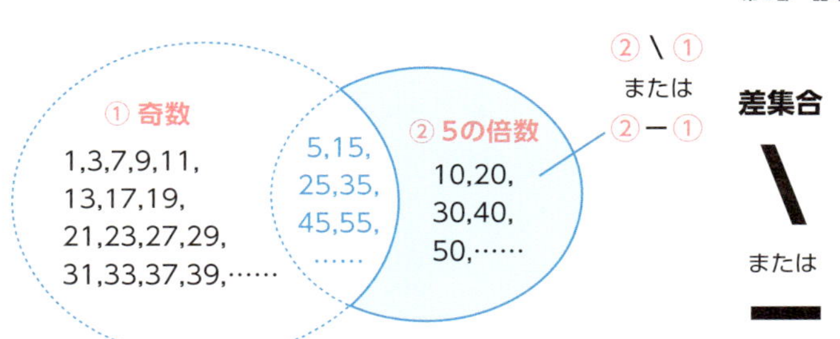

● 補集合って何だ？

ここで、全体集合Uから、その部分集合であるAの要素を取り去って得られる集合のことを、とくにAの補集合といいます。

「補集合」は、A^Cあるいは$\overline{A}$で表します。CはComplement（補足して完全なものにする）の略字です。

今、下図のように、整数全体の集合Uがあり、その中に奇数の集合Aがあったとき、偶数の集合をUとAの「**補集合**」として表すと、次のようになります。

偶数の集合（補集合）＝全体集合－奇数の集合

全体集合U（整数）

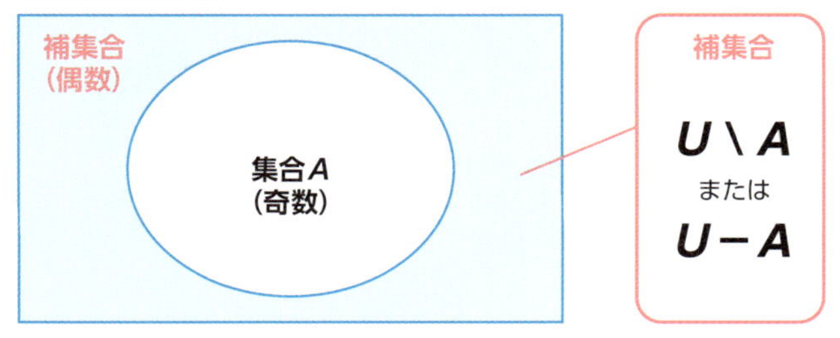

つまり、全体集合Uに対し、集合Aを除いた集合のことを「集合Aの**補集合**」と呼ぶわけです。

また、「2つの集合以外（集合Aと集合B以外）」の要素は、集合Aと集合Bの和集合「$A \cup B$」以外と考えます（補集合と捉えます）。よって、$\overline{A \cup B}$（Aカップ Bバー）あるいは$(A \cup B)^C$と書きます。

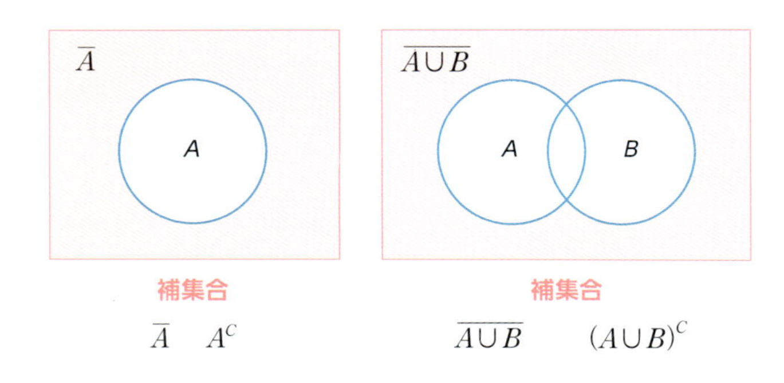

補集合
$\overline{A}$　A^C

補集合
$\overline{A \cup B}$　$(A \cup B)^C$

バーにもいろいろな意味がある

$\overline{A}$の「バー」はここでは補集合の意味でしたが、統計学で$\overline{X}$、もしくは$\overline{x}$のように表示されていると、それは「平均値」の意味で使います。さらに、幾何学で$\overline{\mathrm{AB}}$のように書いてあると、それは「線分AB」、あるいは「弦AB（円の場合）」を表します。つまり、「長さ」です。

記号には「わかりやすさ・シンプルさ」が求められるため、どうしても記号として使える文字や形が不足します。そこで、同じ記号なのに、使われる場・分野・国によって、異なる意味をもつことが珍しくありません。その点は、慣れが必要です。

人工知能と ⊂, ⊃

集合ついでに……。ロシア人形のマトリョーシカのように「入れ子状」に分類されているケースでは、⊂, ⊃などの集合の記号を使うのが便利です。下図のように集合Aが集合Bを包含しているなら、$A \supset B$とします。

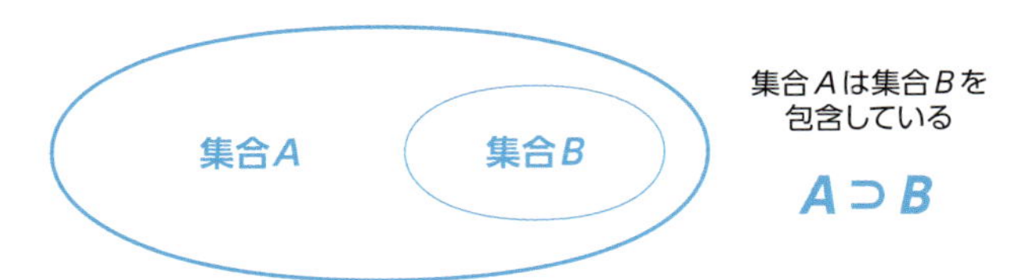

次の図は、人工知能AIの種類を分類したものです。「AIの1つに機械学習があり、その1つにニューラルネットワークがあり、その1つにディープラーニングがあり……」ということなので、

AI ⊃ 機械学習 ⊃ ニューラルネットワーク ⊃ ディープラーニング

……と表現できることになります。

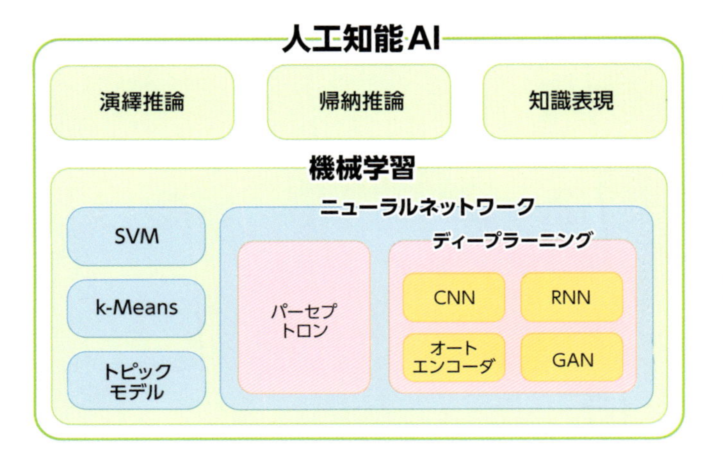

「D, d」はアルファベットの４番目の文字で、ギリシア文字の「Δ, δ」(デルタ) に相当します。ギリシア文字のデルタは、Δのほうが大文字です。

なお、「D」はOやPと紛らわしいため、横棒を付けて「Đ」とすることもあります。

数学ではDだけでなく、ギリシア文字のΔのままでも登場し、微分での「微小な差」を表したり、dy/dxの形で微分を表すなど、「小さな差」を表すときによく使われます。

「E, e」はアルファベットの５番目の文字で、ギリシア文字の「E, ε」(エプシロン/イプシロン) に相当します。アルファベットの中では最も多く使われる文字のため、暗号を解読する際の手がかりとなっていました。実際、筆者が『シャーロック・ホームズの冒険』全12編で使われている文字を調べたところ、「e」が最多を記録しました。これは他の文献でも同様です。

そして数学の世界では、「e」はとくに重要な記号に使われています。

Discriminant

D

ディー（判別式）

2次方程式、解の公式……記憶のかなたに、そんなことを習ったような覚えが？　2次方程式の場合、$x = 1$、$x = 2$などを順々に入れていっても、答えが見つかることがありますが、もし答えが分数だったら、その方法で探すのはむずかしそうです。因数分解でも見つけにくいこともあるし……。

そんなときに便利なのが、**解の公式**。手順に従えば答えが出る、魔法の公式です。古代のバビロニア、エジプトでは早くも2次方程式の解に挑戦していたようですが、なかでもインドのブラーマグプタ（597〜668）は明確に解の公式を導いていたとされます。ただし、記号ではなく文章で書いていたのが残念なところ。

2次方程式への挑戦はバビロニア、エジプトの時代から

2次方程式は一般に、$ax^2 + bx + c = 0$の形をしていて、xの値が「実数なのか、虚数なのか」、「根の数はいくつあるか？」を判別するのが「**判別式**」です。記号は「D」（Discriminant：判別）。

マユミ：昔、教えてもらったような、もらわなかったような。解の公式とか判別式って、どんなものでしたっけ？

ユージ：$ax^2+bx+c=0$という２次方程式があるとするよ。xの解は「解の公式」から、次のように求められるんだ。

$$x=\frac{-b\pm\sqrt{b^2-4ac}}{2a}$$

マユミ：思い出しました。父親は「根の公式と教えられた」といってましたけど、「解の公式」と同じものですよね。

ユージ：うん、同じだよ。問題はここから。この式の分子に置かれている√（ルート）の中が正なのか、０なのか、負なのか、それが問題なんだ。そこで、√の中の式だけを、

$$D=b^2-4ac$$

と置いた。そして、$ax^2+bx+c=0$は、

$D>0$ならば、２つの実根をもつ

$D=0$ならば、重根をもつ

$D<0$ならば、２つの虚根をもつ

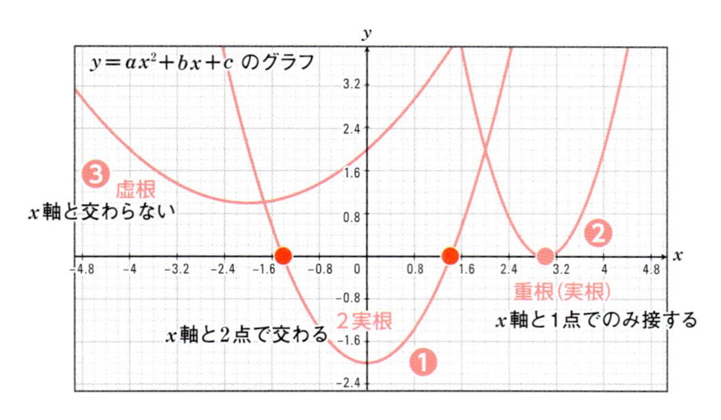

ということになる。これで $y=ax^2+bx+c$ のグラフの様子がわかってしまう。$D>0$ のときは、❶のようなケースで、y のグラフが x 軸と2か所で交わるから x は2実根をもつ。これを聞いたとき、「なるほど。方程式の解をグラフで表すと、こうなるのかぁ」と思ったよ。

マユミ：$D=0$ や $D<0$ のときはどうなんですか？

ユージ：$D=0$ のときは、❷のように x 軸と y のグラフが接しているので解は1つ。$D<0$ のときは、❸のよう x 軸と y のグラフが交わらないから、**実数の世界では「解をもたない」**ってわけ。そこで「平方すると－1になる数」を考え、これを「i」で表すと（虚数単位）、❸の場合でも解を得られる。判別式は、虚数を身近に感じる方法かもしれないね。

2

● 3次方程式におけるカルダノの戦い

2次方程式には、解を導くための便利な公式（解の公式）があるとわかりました。では、3次方程式には？　4次方程式には？

3次方程式、
4次方程式……にも、
公式があるんだって

その解法については、16世紀のヨーロッパで先陣争いがくり広げられていくことになります。

16世紀当時、ヨーロッパでは代数方程式を解く競争が行なわれていて、そこで有名だったのが「独自の解法を得た！」と噂されたイタリアのタルタリア（1499または1500～1557）でした。

しかし、当時の流儀として、解法は弟子に継がれていく一子相伝の形式で、公開はされません。

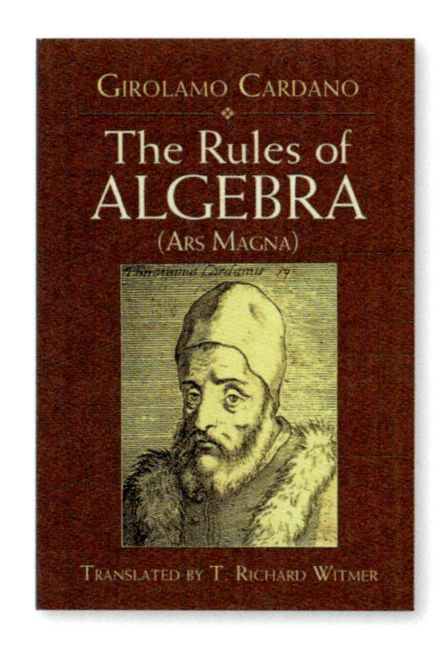

当時、算術書を出版していたミラノ生まれのカルダーノ（1501〜1576）はタルタリアに、「ぜひ、解法を教えてほしい」と懇願したのですが、タルタリアは応じません。とうとう、「タルタリア自身が公開するまでは、自分はその解法を公開しない」という約束のもと、ついに秘伝を伝えられたといいます。

しかし、約束は守られず、カルダーノは『偉大なる術（アルス・マグナ）』の中で解法を公開したのです。それには理由があって、タルタリア以前にすでに解法が示されていることを約束の後で知り、タルタリアとの約束に縛られる必要はないと判断したため、とされます。

カルダーノは占星術にも凝っていて、自分の死ぬ日を予言し、みごとに当てます。その日に合わせて自殺したようです。

● 5次方程式におけるアーベルの貢献

こうして3次方程式、4次方程式の解法には一般解があることがわかったわけですが、では5次方程式はどうなのか？　6次は？　その解決は、19世紀のノルウェーに生まれた天才数学者アーベル（1802〜1829）まで待つことになります。

アーベルは「**5次以上の方程式は、一般に代数的には解け**

ない」という「存在証明」を成し遂げたのです。つまり、$\sqrt{\ }$や四則計算だけで解ける一般的な解の公式は存在しない、と。これによって、6次、7次……などの公式の発見競争に数学者の力が注がれることに終止符が打たれます。後世、「500年分の仕事をしてくれた、記念碑的論文」と評価されるものでした。

この論文は、当時のヨーロッパ数学界の最高権威であったパリの科学アカデミーに1826年に提出されましたが、数学界の重鎮コーシーは、この論文を査読するどころか、机の中に放置し続けたのです。

現在、ノーベル賞には「数学賞」は存在せず、4年に1回、40歳以下の人が選ばれる**フィールズ賞**があるにすぎませんが、ノルウェー政府は2001年、アーベル生誕200年（2002年）を記念して「**アーベル賞**」（数学に特化した賞）を創設することを決め、2003年に第1回の受賞式が行われました。賞金総額はノーベル賞とほぼ同額の1億円です（日本円換算）。

ところで、当のアーベルはその後、どうなったのでしょうか。彼は失意のうちに故郷ノルウェーに帰国。その暮らしは赤貧をきわめ、結核を患い、1829年に26歳の若さでこの世を去ります。そのわずか2週間後、相次いでヨーロッパ各地の大学から数学教授就任の要請があったといいます。コーシーがきちんと評価さえしていれば、アーベルはもっと活躍し、貢献していただろうにと思うと、残念です。

derivative

$\dfrac{dy}{dx}$, $\dfrac{d}{dx}y$, $f'(x)$, $\dot{x}$

ディーワイディーエックス（微分）

「柱の傷は　おととしの〜」で始まる童謡「背（せい）くらべ」（中山晋平作曲、海野厚作詞）。「きのうと　くらべりゃ　なんのこと」という歌詞を口ずさみながら、「誰だって、**きのう1日と比べれば背はほとんど伸びてないよね**」と思っていました。

ただ、「これこそ微分！」のイメージだといっていいものです。

微分というのは、「わずかな間（時間のことが多い）に何かが、ほんのわずかだけ増える（あるいは減る）という「**変化の割合**」（**変化率**）を指しています。

1日では伸びは小さくても、伸び率（傾き）で見ると

きのうと比べれば、たしかに身長はほとんど伸びていないように見える。けれども、「伸び率」で見たらどうか？　顕微鏡的なミクロの世界で「1日の身長の変化」を測ることができたとすると、きっと、おとなの伸び率（1日あたり）に比べ、子どもの伸び率のほうが大きいに違いない。その瞬間的な伸び率が毎日のように続けば、その後に身長が大きく伸びるのか（子ども）、

あまり伸びないのか（おとな）が予想できる……。

経済の成長率なども同様で、これが微分的な見方、発想です。

微分には、実に多数の記号が使われます。$\frac{dy}{dx}$や$\frac{d}{dx}y$の形は微分記号の中でもとくに知られていて、どう見ても、「分数の形」をしています。この形がクセ者です。というのも、ついつい、「ディーエックス分の、ディーワイ」と読んでしまうからです。しかし正式には、分子から分母へと、「分数ではないのだから、ディーワイ、ディーエックスと読め」といわれます。意味は、「yの式をxで微分する」というもので、「微分」というときには、これを**導関数**と呼んでいます。

dy ← y = ×××の式を
dx ← x について微分する

● さまざまな数学者の記号が使われている

同じ「微分」なのに、なぜ多くの微分記号があるのでしょうか。それは、それぞれの記号の作者が違うためです。現在に至るまで、微分の記法として統一的なものはありません。

ライプニッツ（独：1646〜1716）……$\frac{dy}{dx}$ や $\frac{d}{dx}y$

ラグランジュ（仏：1736〜1813）……y' や $f'(x)$

ニュートン（英：1642〜1727）……$\dot{x}$, $\dot{y}$

y'や$f'(x)$は「ワイダッシュ」「エフダッシュエックス」ではなく、「ワイプライム」「エフプライムエックス」と読むのが正式です。

ニュートンとライプニッツはことあるごとに、先陣争いをしてきたことで知られますが、微分記号においても同様です。ニュートンは微分係数が「関数の増加率」を扱っているため「**流率法**」と呼んだのに対し、ライプニッツは「**微分法**」と呼んでいます。

記号面では、ニュートンよりもライプニッツに軍配が上がります。たとえば、2階微分、3階微分などを表す場合、

ライプニッツ表記 …… $\frac{d^2y}{dx^2}$, $\frac{d^3y}{dx^3}$, $\frac{d^4y}{dx^4}$, $\frac{d^5y}{dx^5}$, $\frac{d^6y}{dx^6}$

ニュートン表記 …… $\ddot{x}$, $\dddot{x}$, $\ddddot{x}$, $\overset{\cdot\cdot\cdot\cdot\cdot}{x}$, $\overset{\cdot\cdot\cdot\cdot\cdot\cdot}{x}$

となり、ライプニッツ表記では数値を変えるだけで、いくらでも高次の微分を表記できるのに、ニュートン表記では物理的にドットを打つため、高次になるほど対応が難しくなります。

また、ニュートン表記は「流率法」というように、時間の関数 $f(t)$ に対して使うのが一般的なのに対し、ライプニッツ表記では $\frac{dy}{dx}$, $\frac{dy}{dt}$, $\frac{dy}{dv}$ のように、**「分母で」何について微分するか、「分子で」どんな式を微分するかを明瞭に示せる利点**があります。ドット式には「何について」はないのです（ほとんどが時間に限定される）。

Column

$\frac{dy}{dx}$ は分数ではないが、分数のように扱える？

$\frac{dy}{dx}$ は分数の形をしていますが、「**分数ではないので、ディーワイ、ディーエックスが正しい**」とされます。ところが、「**操作としては、分数のように扱ってよい**」という面もあります。それを利用したのが「合成関数の微分」です。

たとえば $f(x)=(3x+2)^4$ をそのまま微分しようとすると、一度展開し、たいへんな手間を掛けて次のような解を得ます。

$$f'(x)=324x^3+648x^2+432x+96$$

けれども、合成関数の微分を使い、$t=(3x+2)$ と置けば、

$$\frac{dy}{dx}=\frac{dy}{dx}\cdot\frac{dt}{dt}=\frac{dt}{dx}\cdot\frac{dy}{dt}$$

のように分数的な操作をし、t の式（下の❶）、y の式（❷）に分けてスッキリと計算できます。

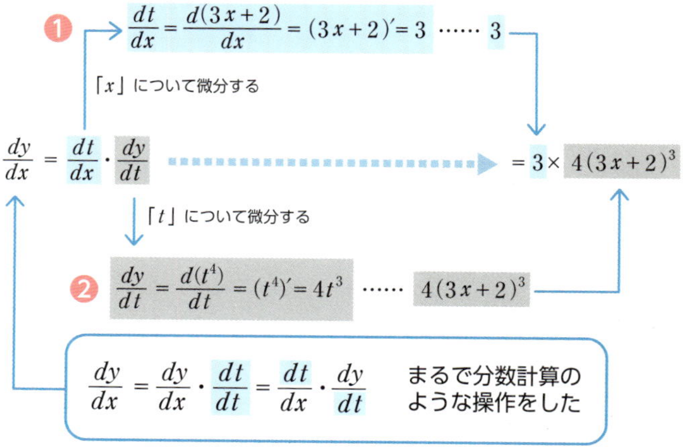

❶ $\frac{dt}{dx}=\frac{d(3x+2)}{dx}=(3x+2)'=3$ …… 3

「x」について微分する

$$\frac{dy}{dx}=\frac{dt}{dx}\cdot\frac{dy}{dt}=3\times4(3x+2)^3$$

「t」について微分する

❷ $\frac{dy}{dt}=\frac{d(t^4)}{dt}=(t^4)'=4t^3$ …… $4(3x+2)^3$

$$\frac{dy}{dx}=\frac{dy}{dx}\cdot\frac{dt}{dt}=\frac{dt}{dx}\cdot\frac{dy}{dt}$$

まるで分数計算のような操作をした

Euler's number

e

イー(ネイピア数、オイラー数)

小文字のイタリック体で「e」と表すと、それは$e = 2.7182$……と無限に続く数のことを指し、「超越数」と呼ばれます。超越数はeの他に、π(パイ：円周率)があります。

このeのことを**ネイピア数**、または**オイラー数**と呼んでいます。eに名前を残す**ネイピア**(ジョン・ネイピア：1550〜1617)はスコットランドの数学者・天文学者で、対数を発見したことでも知られています。

対数は「掛け算を足し算に、割り算を引き算に」することで、大きなケタの計算をシンプルにする働きがあります。後にフランスのラプラス(ピエール＝シモン・ラプラス：1749〜1827)が「**対数の発明は、天文学者の寿命を2倍に延ばした**」とまでいうほど、対数の計算力は絶大でした。また、対数発見のプロセスで「小数点」を発明するという貢献もネイピアは果たしています。

もう一人、「e」に名前を残すのがスイス生まれの**オイラー**(レオンハルト・オイラー：1707〜1783)で、そのオイラー(Euler)の頭文字から「e」の数学記号があてられました。

このオイラー数e(2.7182……)と、円周率π、虚数iという、どう見ても無関係に見える3者の間に、次のようなきれいな関係式が成立すること

をオイラーが発見しています。有名な**オイラーの公式**です。

$$e^{i\theta} = \cos\theta + i\sin\theta \qquad \text{（オイラーの公式）}$$

ここで、$\theta = \pi$ のとき、

$$e^{i\pi} = -1 \qquad \text{（オイラーの等式）}$$

● e＝2.7182……はどうやって出てきた？

円周率 π は、円に内接する正六角形、外接する正六角形から挟みうち方式でアルキメデスが3.14まで求めました（その方法は、124ページを参照）。

では、このネイピア数（オイラー数）2.7182……はどのように求められ、どのように役立つのでしょうか。

ユージ：『ベニスの商人』に登場する悪徳商人といえば誰？

マユミ：シャイロックです。私は文系なので、シェークスピアの作品で有名なものは読んでいますから。

ユージ：そっか、失礼。さて、彼が次のような高金利なシステムを考えついたとする。つまり、

元金＝１、年利率＝r（％）とすると、１年後に元金は $\left(1+\dfrac{r}{100}\right)$ 倍になっている……。

マユミ：１年後の話をしているんですね。わかります。

ユージ：さて、年利100％では誰が見ても「高い」とバレる。見た目の金利を引き下げてゴマかしたい。そこで、金利を半分（50％）にする代わりに、１年ではなく、半年複利で運用すればどうだろう。いや、50％では、まだ金利は高い。これを１か月の約8.3％にして、１か月複利で運

　　　用したらどれだけ儲かるか……と考えた。
マユミ：センパイの顔がシャイロックに見えてきましたよ。

ユージ：そう？（汗）　さらに、1時間複利、1秒複利へ……。
マユミ：それは残酷です。1秒複利にすれば、利子が雪だるま式
　　　に増えて、年利100％よりずっと大きくなりますよ。

では、複利で1年後にどうなっているかを見てみましょう。

1年複利　$(1+1)^1=2$

半年複利　$\left(1+\frac{1}{2}\right)^2=2.25$

3か月複利　$\left(1+\frac{1}{4}\right)^4=2.44140$

1か月複利　$\left(1+\frac{1}{12}\right)^{12}=2.6130352902$

1日複利　$\left(1+\frac{1}{365}\right)^{365}=2.714567482$

なんだか、頭打ちになってきましたね。続けます。

1時間複利　$\left(1+\frac{1}{8760}\right)^{8760}=2.7181266916$

1分複利　$\left(1+\frac{1}{525600}\right)^{525600}=2.7182792427$

1秒複利　$\left(1+\frac{1}{31536000}\right)^{31536000}=2.7182817785$

結果はシャイロックの考えた青天井にはならず、ある値に収束していったようです。この収束していく値こそ、「e」なのです。

● ネイピア数 e の効用

対数（log）は、高校では最初に、$\log_{10}10=1$のように、底（てい）が10の常用対数を習い、次に底がeの自然対数$\log_e N$を習いました。底が10の場合、10進数なので多少、わかりやすさがありましたが、なぜ、$e=2.7182\cdots\cdots$というハンパなネイピア数eを底にするのか、その意味が当時の筆者にはわかりませんでした。

この理由は、数Ⅲの微積までいくと、明らかです。底がeでない場合の微分は非常にめんどうな形になるのに対して（左下）、eが底の場合の微分は、スッキリした形になるからです。

底がaの場合の微分

$$(a^x)'=a^x\log_e a$$

$$(\log_a x)'=\frac{1}{x\log_e a}$$

→

底がeの場合の微分

$$(e^x)'=e^x$$

$$(\log_e x)'=\frac{1}{x}$$

exponential function

e^x, exp(　)

イーのエックス乗／イーエックスピー（指数関数）

統計学の分野でよく使われる「**正規分布**」を示す式、そしてグラフの例は、次のように表されます（とんでもなく複雑怪奇な式で、見るだけでも嫌になります）。

正規分布の式　$f(x)=\dfrac{1}{\sqrt{2\pi}\,\sigma}e^{-\frac{(x-\mu)^2}{2\sigma^2}}$　……①

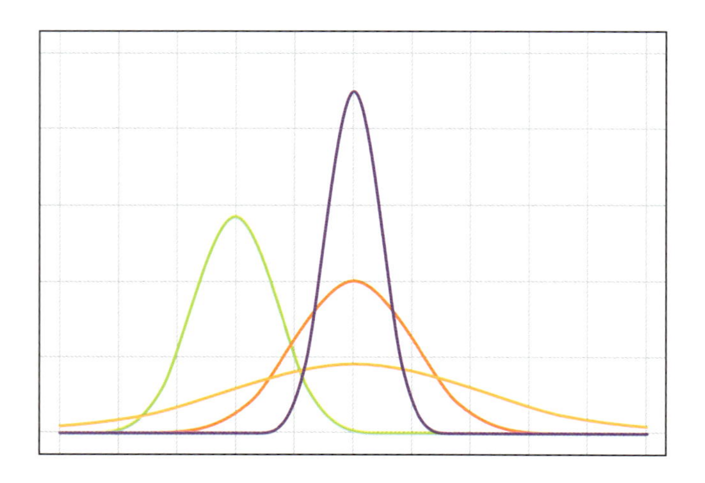

①式の中のeを見ると、「$e^{●}$」の形になっています。このeは前項で説明したネイピア数（オイラー数）です。ところで、この①式を見ると、分母のσ（標準偏差：シグマ）がルートの外に出ていますので、これをルートの中に入れて、

$$f(x) = \frac{1}{\sqrt{2\pi\sigma^2}} e^{-\frac{(x-\mu)^2}{2\sigma^2}} \quad \cdots\cdots ②$$

とすることもあります。正規分布の式は、①、②のどちらも見られます。ここで、①、②式をよく見てください。πは3.141592……の円周率で、定数です。 eはネイピア数（オイラー数＝2.7182……）で、これも定数です。

それ以外のσは標準偏差（148ページ参照）、μ（ミュー）は平均値です。そうすると、結局、正規分布のグラフの形は「標準偏差、平均値」の2つで決まるといえそうですね。

● eの累乗の形を見やすくするexp

ところで、この式はe以下が累乗になっていて、とても煩雑です。そこで、e以下が累乗の場合、

$$f(x) = \frac{1}{\sqrt{2\pi}\,\sigma} e^{-\frac{(x-\mu)^2}{2\sigma^2}} \rightleftarrows f(x) = \frac{1}{\sqrt{2\pi}\,\sigma} \exp\left(-\frac{(x-\mu)^2}{2\sigma^2}\right)$$

と、少し見やすくする方法があります。結局、

$$e^{●} = \exp(●)$$

のように置き換えたのです。expは「イーエックスピー」とそのまま読み、exponential（指数／冪（べき））の略で、Excelの関数としても使われています。

	A	B	C	D
1	累乗		Excelでの表記	結果
2	1	eの１乗	=EXP(A2)	2.7182818
3	2	eの２乗	=EXP(A3)	7.3890561
4	3	eの３乗	=EXP(A4)	20.0855369
5	4	eの４乗	=EXP(A5)	54.5981500

Expected value

$E(\quad)$, $E[\quad]$
イー（期待値）

期待値はE(X)、あるいはE[X]のように表されます。Eは英語のExpected value（期待値）から来たものです。

では、期待値とは何でしょうか。一言でいえば、「**平均値（重み付けした加重平均）**」のことです。

具体例で考えてみましょう。たとえば、下の表はあるときのジャンボ宝くじの賞金です。あなたが1枚300円の宝くじを1枚だけ買ったとき、**平均して「どのくらいの金額が戻ってくる」と期待できるか**、それが「期待値」の内容です。

	A	B	C	D
1		賞金	本数	各賞の金額
2	1等	300,000,000	13	3,900,000,000
3	前後賞	100,000,000	26	2,600,000,000
4	組違い賞	100,000	1,287	128,700,000
5	2等	10,000,000	39	390,000,000
6	3等	1,000,000	780	780,000,000
7	4等	100,000	26,000	2,600,000,000
8	5等	10,000	130,000	1,300,000,000
9	6等	3,000	1,300,000	3,900,000,000
10	7等	300	13,000,000	3,900,000,000
11			14,458,145	19,498,700,000
12		発売総額390億円・13ユニットの場合 ※1ユニット 1,000万枚		

実際には、ハズれたら0円（戻り率0%）。もし1等の3億円が当たれば、元金の100万倍です（戻り率は1億%）。けれども、ここでは、平均的な戻りを予想します。

計算方法はかんたんです（計算はめんどう）。1等～7等の賞金は、前ページの図表のB欄に、そして各賞の当たり本数はC欄に書かれているので、各賞で用意される金額は、

賞金（B欄）× 本数（C欄）

で計算できます。これがD欄に書かれている数字です。これらをすべて加えると、用意された宝くじの賞金総額が計算できます。

総額 ＝ 194億9870万円　…………❶

宝くじの総本数は、前ページの表のいちばん下に「注書き」されています。1枚300円の宝くじがすべて売れた場合に390億円になるので、総本数は、

390億円 ÷ 300円（/本）＝ 1億3000万本　…………❷

1枚当たりの平均戻り金額は、❶ ÷ ❷ ですから、

194億9870万円 ÷ 1億3000万本
＝ 149.99円 ≒ 150円

このことから、あなたが1枚300円でジャンボ宝くじを買った場合、平均して戻ってくると期待できる金額は「150円」で、ちょうど半分です（以前はもっと戻り率が悪かった）。これは、**平均して戻ってくると期待できる量**なので、「**期待値**」と呼びます。この宝くじの期待値（平均値）は150円です。

この期待値は、賞金を単純に平均したものではなく、その出る本数（確率）に応じて「重み付け」をしながら平均値を出したものです。そのため「**重み付け平均（加重平均）**」ともいいます。

期待値 ＝ 重み付け平均（加重平均）

「F, f」はアルファベットの６番目の文字で、ギリシア文字では、20番目の「Υ, υ」（ウプシロン）に相当します。ウプシロンの大文字Υはアルファベットの Y に似ているため、ギリシア語では「ϒ」のように表記して混乱を避けることがあります。

「G, g」はアルファベットの７番目の文字で、ギリシア文字の３番目の「Γ, γ」（ガンマ）、つまりアルファベットのCと同じ記号から派生して生まれたものです。そうすると、CとGとは兄弟だった?

そういえば、CとGとは、形も発音も似ていますね。

$f(x)$，$y=f(x)$
エフエックス（関数）

関数 $f(x)$ の f はfunction（関数）の略で、中国で音訳したときにfun（ファン）が「函（Han）」になり、「函数」と訳されて日本に伝わったとされています。ただ、「函」の文字が1946年に告示された当用漢字になかったため、「関」の字をあてたという経緯があります。

関数（函数）というのは、変数 x，y があったとき、片方の x の値が1つに決まれば、他方の y の値も1つに決まるような対応関係をいいます。**関数とは、対応の関係**なのです。

今、$y=2x+3$ という関数があれば、

$x=1$ のとき、$y=2\times1+3$ から　$y=5$
$x=5$ のとき、$y=2\times5+3$ から　$y=13$
$x=8$ のとき、$y=2\times8+3$ から　$y=19$

のように決まります。

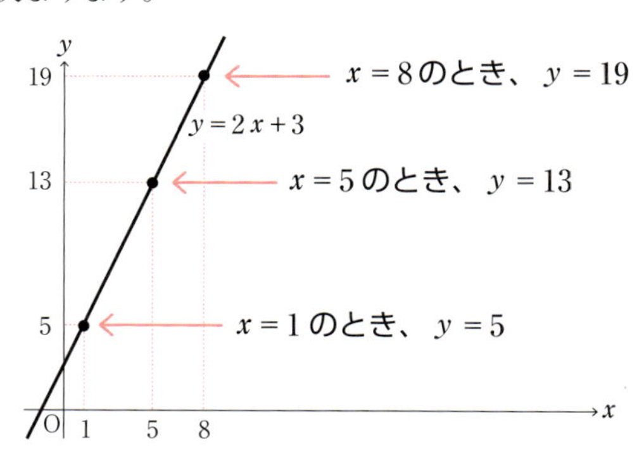

このように、

「それぞれの x の値に対して、y の値が1つに決まる」関係が関数です。

といっても、「関数のイメージ」が伝わりにくいと思いますので、2つのグラフを見て、イメージをつかむことにしましょう。考えることは、「xの1つの値に対して、yの値が1つに決まるかどうか」で、そうでなければ「関数ではない」という1点だけです。

【問題】 $y=x^2$ と $y^2=x$ とがあるとき、それぞれは「関数」といってよいでしょうか？ なお、「関数」とは、x の値に対して、y の値が1つに決まることをいいます。

実際にグラフを描くと、次のようになります。

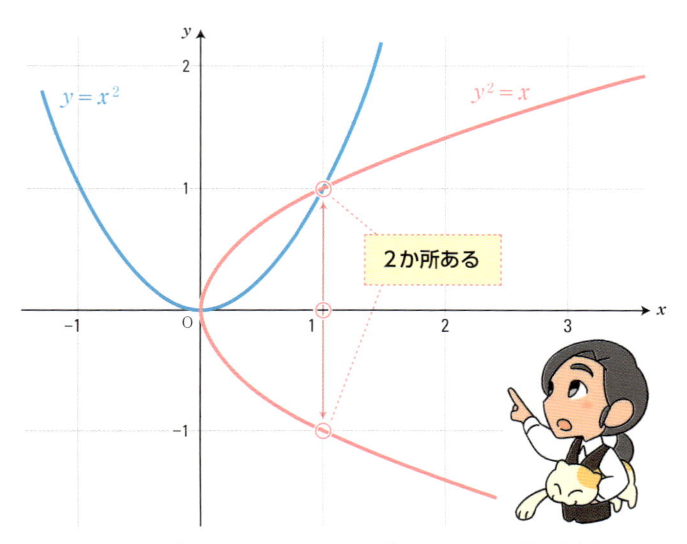

$y^2=x$ のグラフでは、x の1つの値に y の2つの値が対応

青のグラフが$y=x^2$で、赤のグラフが$y^2=x$のグラフです。ここで、$y=x^2$では、$x=1$に対して$y=1$と、たった1つに対応しています。つまり、「xの値が1つに決まれば、yの値も1つに決まる」関係になっているので、$y=x^2$は「関数」といえます。

では、$y^2=x$のグラフはどうでしょうか。これは、$y=x^2$を横倒しにした形になっています。それだけの違いです。このグラフで、$x=1$に対し、yには、$y=1$と$y=-1$の2つの値が対応しています。つまり、

「xの1つの値に対して、yの値は1つに決まらない」

ので、「$y^2=x$は関数とはいえない」が結論です。

関数かどうかの目安は、この1点（定義）で決まります。

1つに対応

関数と認められる

1つに 対応していない

関数ではない……

● 函数がブラックボックスにたとえられるわけ

北海道には「函」の字を用いた有名な都市があります。函館のことですが、その旧市名が「箱館」であったように、函数の「函」にはもともと、「ハコ」という意味があります。このことから、関数のことをブラックボックスや自動販売機にたとえて説

明することがあります。

つまり、何かが入力 (x) されたら、理由はわからないけれど、とにかく何かが1つだけ自動的に出力 (y) される。つまり、対応しているから「関数だ」という考えです。

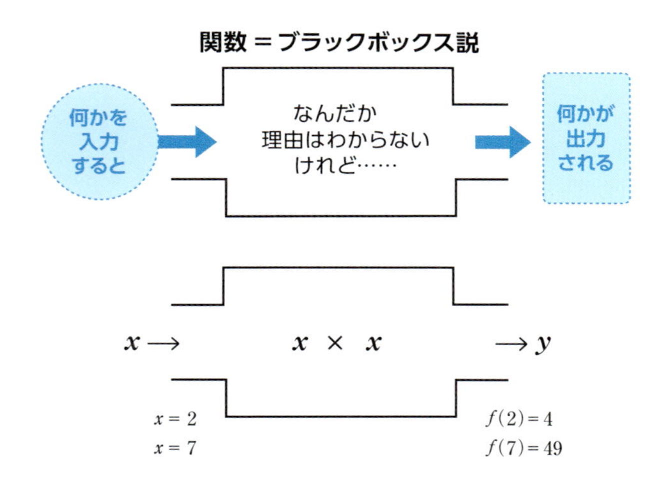

こんなとき、$y = f(x)$ において、xを**独立変数**（**説明変数**）、yを**従属変数**（**目的変数**）と呼びます。「独立」とか「従属」という名前は奇妙に思えますが、これは「xが決まると、yはxの値に従って（従属して）決まる関係」にあることから、yを従属変数と呼ぶわけです。独立のほうは、何にも制約されずに自由に（独立に）決められる、程度の意味です。

なお、関数の記号は$f(x)$が使われることが多く、yがxの関数のとき、$y = f(x)$と表しますが、関数がいくつかあるときには、$f(x)$以外にも、$g(x)$、$h(x)$など、fに続く他の文字で関数を表すこともあります。

●「漢字」も記号、その情報量には差がある

先ほど、「関数の『関』という文字は、函が語源」という話をしました。漢字は主に、中国、日本、そして台湾で使われています。この中でいちばん古い形が残っているのが台湾です。

ある台湾版の数学書が送られてきたので中をパラパラと見ていると、漸化式（ぜんかしき）のことを「迂回關係式」と訳していました。漸化式のことを迂回と訳すのは「言い得て妙」と感心したのですが、さらに面白いのは、その後ろに書いてある「關係」のほうです。

日本では「関数」「関係」には、いずれも、同じ「関」の字をあてていますが、そのモトは「函数」「關係」というわけです。

関数は「函数」から来たといわれているので、まさに「箱」、つまりブラックボックスという意味では、「関数$f(x)$」はピッタリのイメージです。

関係には「關係」の訳があてられています。「關」は「せき」とも読み、「カンヌキをかけて出入りを閉ざす関所」とか、「モノとモノとのつなぎ目」の意味があります。ですから、迂回關係式の名ももつ漸化式は、「論理と次の論理とのつなぎ目」という意味を含むと解釈すればいいでしょうか？

f prime of x, limit, etc.

$f'(x)$, $\lim_{\Delta x \to 0} \frac{f(x+\Delta x)-f(x)}{\Delta x}$, $\lim_{\Delta x \to 0} \frac{\Delta y}{\Delta x}$, y'
エフプライムエックス（導関数）

微分は「高校数学でいちばん難しい」という人もいれば、「微分だけは好きだった」という人も多いはず。その違いは、微分のイメージをつかめたかどうかによるのではないでしょうか。

微分とは接線の傾きのことです。それだけのことです。もう少し正確にいうと、「関数の、ある点における接線の傾き」のことで、その接線を求める方法を使うと、極大値や極小値、最大値や最小値を求めることができます。同様に、株の今後の値動きを予測する、といったことも可能になります。

それにしても、微分に関しては、多数の記号があります。まず、それぞれの記号の読み方から始めてみましょう。

- $f'(x)$……fプライムx（$'$を人前ではダッシュと読まないこと）
  $\lim_{\Delta x \to 0} \frac{f(x+\Delta x)-f(x)}{\Delta x}$……リミット・デルタ$x$は0に近づく、デルタ$x$分の、$fx$プラスデルタ$x$、マイナス$fx$（分数読みでかまいません）
- $\lim_{\Delta x \to 0} \frac{\Delta y}{\Delta x}$……リミット・デルタ$x$は0に近づく、デルタ$x$分の、デルタ$y$
- y'……yプライム
- $\frac{d}{dx}y$……ディーy、ディーx（ここは分数読みはしない）

$f'(x)$の$'$は**「ダッシュ」と読まず、「プライム」と読む**ようにします。$\frac{d}{dx}y$は分数のように「ディーx分の、ディーy」と読みがちですが、「ディーy、ディーx」と分子から分母へと読み進めます（まぁ、あまり気にしなくてもよいと思いますが）。

【問題】$f'(x)$, $\dfrac{dy}{dx}$ を何と読みますか？

「微分とは、接線の傾きだ」といわれても、わかりにくい話ですね。次の直線のグラフでは、直線の傾きは $\dfrac{a}{1}=a$ となります。どの点でも傾きは a です。

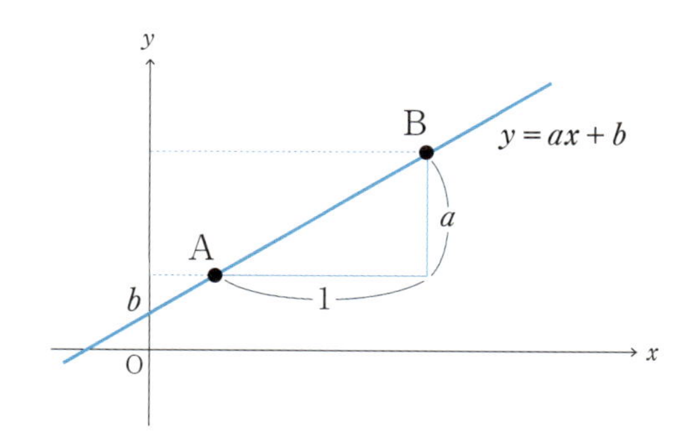

では次に、直線ではなく次のような曲線の場合で、その傾きを考えてみましょう。

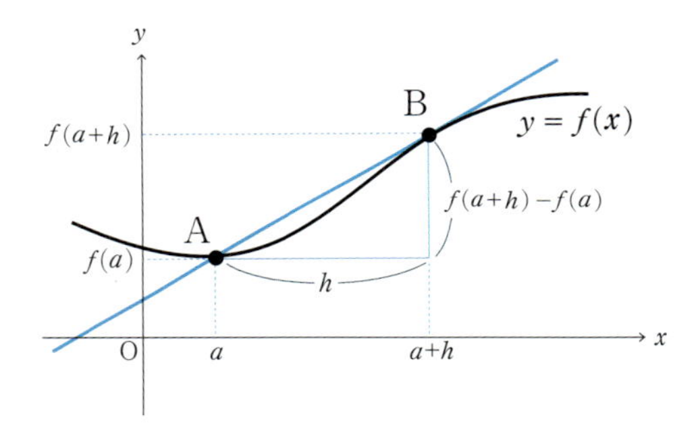

いきなり「曲線の傾き」を考えるのはむずかしい話です。そこで、「ある区間」に限っての「傾き」を考えるのがポイントです。たとえば、点Aと点Bの間の「傾き」であれば、AからBまでの変化量（差）を考えると、次のように表せます。

$$\frac{y\text{の変化量}}{x\text{の変化量}} = \frac{f(a+h)-f(a)}{(a+h)-a} = \frac{f(a+h)-f(a)}{h}$$

これを「**平均変化率**」と呼んでいます。これは「直線ABの傾き」を表しています。

でも、どう考えても、アバウトすぎます。この曲線に沿っているようには、とうてい見えません。

そこでどうするか。点Bを点Aに近づけていくといいのではないでしょうか。つまり、次図のように点BをB′、次にB″……というように徐々にAに近づけていきます。

ということは、xの変化量が徐々に減っていく、つまり「hが0に近づいていく」といえるので（$h \to 0$）、$a+h$はaに近づきます。

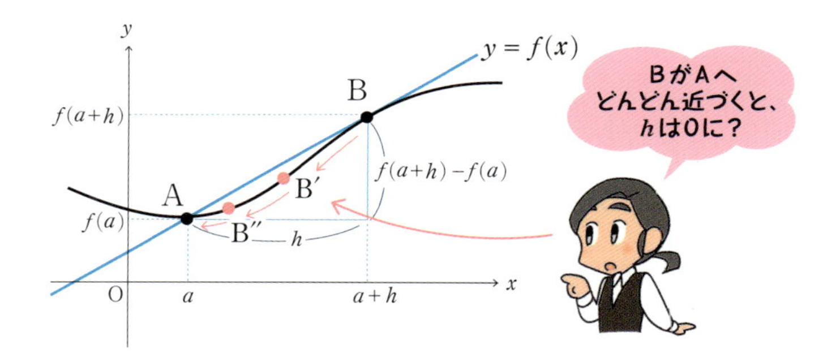

このとき、$a+h$の極限値は「a」であるといい、次のように書き、この式は「lim（リミット）、hが0に近づく、$a+h$」と読みます。

$$\lim_{h \to 0}(a+h) = a$$

このように、hが0に近づくとき、平均変化率が一定の値に近づくなら、その極限値のことを、$f(x)$ の $x = a$ における「**微分係数**」と呼び、$f'(a)$ と表します。このとき得られる関数を、$f(x)$ の**導関数**といい、$f'(x)$ と表します。82ページの冒頭にある記号は、すべて同じ意味です。

まず、この導関数$f'(x)$は、その意味からも次の式で表せます。

$$f'(x) = \lim_{h \to 0}\frac{f(x+h) - f(x)}{h}$$

この式で、分母のhはxの増えた分ですから「xの増分」といい、分子の$f(x+h) - f(x)$は「yの増分」です。そこで、この増分をそれぞれΔx、Δyと表現します。**Δはギリシア語で「デルタ」と読みます**（Δはアルファベットのdに相当）。

そうすると、前の式は、

$$f'(x)=\lim_{\Delta x \to 0}\frac{f(x+\Delta x)-f(x)}{\Delta x}=\lim_{\Delta x \to 0}\frac{\Delta y}{\Delta x}$$

と書き直せます。

他にも、$f'(x)$ の代わりに y' とも書きますし、以下のように表記することもあります。

$\frac{dy}{dx}$ で分子の y を下ろしたものが $\frac{d}{dx}y$

$\frac{dy}{dx}$ で分子の y を下ろして $f(x)$ としたものが $\frac{d}{dx}f(x)$

他に、「$\dot{x}$」という表記もあります。そして、関数 $f(x)$ から導関数 $f'(x)$、あるいは y'、あるいは $\frac{d}{dx}y$ などを求めることを「微分する」といいます。

どの記号が出てきても「まったく同じ」ですので、あわてる必要はありません。また、「微分係数、導関数、微分する」の3つの区別が少しややこしいですが、次のように考えてください。

微分係数 $f'(a)$……ある点（$x=a$）における傾き
導関数 $f'(x)$……微分係数 $f'(a)$ で得られる関数（一般化したもの）
微分する……………導関数を求めること

Greatest Common Measure, etc.

G.C.M., L.C.M.

ジーシーエム／エルシーエム（最大公約数／最小公倍数）

「9」を割り切れる数って……？　といわれると、1, 3, 9の3つが考えられます。「24」の場合は、1, 2, 3, 4, 6, 8,12, 24の8つがあります。このように、その数を割り切れる数のことを約数といい、通常、「1とそれ自身の数」も含めます。ですから、「6の約数」は2, 3の2つではなく、1, 2, 3, 6の4つあることになります。**約数の場合、「1とそれ自身の数」を忘れない**ことです。

このような約数の中で、2つの数に共通する約数のことを「公約数」といい、なかでも最大の公約数のことを「**最大公約数**」と呼んでいます。9と24の場合、その公約数は1,3の2つだけで、最大公約数は「3」ですね（下図参照）。

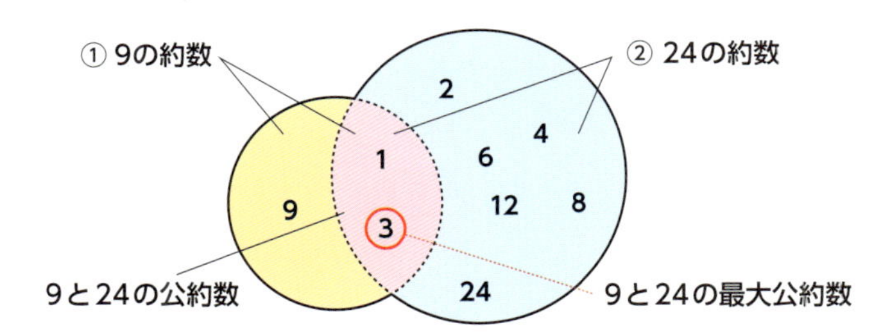

最大公約数のことをG.C.M.と呼びます。G.C.MはGreatest Common Measureの省略形のため、単にGCMと書くのではなく、文字の間にピリオドを入れて「G.C.M.」とします。

日本ではG.C.M.と呼ばれますが、海外ではG.C.D.（Greatest Common Divisorの省略形）が一般的で、他に、G.C.F.（Greatest

Common Factor)、H.C.F.(Highest Common Factor)と表記されることもあるので、要注意の記号です。

●素数って何だっけ?

ところで、3の場合は「1」とそれ自身の数(=3)しか約数をもっていません。このような事例の数をあげていくと、

2, 3, 5, 7, 11, 13, 17, 19, 23, 29, 31……

などがあります。これが「**素数**」です。たとえば7という素数と、素数ではない26との最大公約数は……「1」しかありません。このように、最大公約数が1となる場合、「7と26は**互いに素**」といいます。分数で、よく、

$$\frac{9}{27}=\frac{1}{3},\quad \frac{4}{6}=\frac{2}{3},\quad \frac{25}{90}=\frac{5}{18}$$

のように「約分」します。分母と分子を「これ以上割り切れない」形までもっていくわけですが、これは分母と分子で公約数をもたないということです。「分数の分母と分子を互いに素にできる」を使うと、$\sqrt{2}$が無理数であることの証明もできます(130ページ参照)。

それに対して、4は1, 2, 4のように、1とそれ自身の数以外に「2」という数を約数としてもっています。9は1, 3, 9のように、16は1, 2, 4, 8, 16のように、それぞれ「1とそれ自身」以外の約数をもっています。これらの数は「素数」ではなく「合成数」と

呼んでいます。

G.C.M.はどんなときに使える?

こんな「共通の約数の中で最大の……」なんて勉強して、何になるのでしょう。数学は常に身近な場面で役立つわけではありませんが、G.C.M.に関して、少し応用を考えてみましょう。

たとえば、「上面が縦60cm、横45cmの大きなケーキを、できるだけ上面の大きな正方形に切り分けたい」というときには、

60の約数：1, 2, 3, 4, 5, 6, 10, 12, 15, 20, 30, 60
45の約数：1, 3, 5, 9, 15, 45

とすれば、上面が15cm×15cmの12個のケーキに分けられる、とわかります。

(60×45)÷(15×15)=12個

同様に、42人、48人、36人の3クラスをもつ中学校で修学旅行に行く際、同じ人数で、できるだけ大きなグループに分けて行動させたいときも、

42の約数：1, 2, 3, 6, 7, 14, 21, 42
48の約数：1, 2, 3, 4, 6, 8, 12, 16, 24, 48
36の約数：1, 2, 3, 4, 6, 9, 12, 18, 36

とすれば、「6人」ずつのグループ分けが適切だと判断できます。

● L.C.M.って何だ?

ここまでは「約数、公約数、最大公約数」という話でしたが、逆に、「2つの数(3つ以上の数でもいい)の公倍数、最小公倍数」もあります。

2

まず、ある数の「倍数」「公倍数」「最小公倍数」とはどのようなものでしょうか。3と4で考えてみると、

3の倍数 ……… 3, 6, 9, 12, 15, 18, 21, 24, 27, 30, 33, 36, ……
4の倍数 ……… 4, 8, 12, 16, 20, 24, 28, 32, 36, ……

この調子だと、倍数が大きくなればなるほど、いくらでも公倍数は出てきて、「最大公倍数というのを考えてもキリがない」とわかりますが、「**最小公倍数**」を考えると1つに決まります。「12」です。これが最小公倍数（**L.C.M.**：Least Common Multipleの省略）です。

L.C.M.はどんなときに使える?

Aくんと B子さんは同じ職場で恋愛をしています。Aくんは休みが6日ごと、B子さんは休みが5日ごとに取れます。今日、2人の休日がいっしょだったとすると、次に2人が同じ日に休めるのは……と考えるときにもL.C.M.を使うことができます。

Aくん　　6, 12, 18, 24, 30, 36 ……
B子さん　5, 10, 15, 20, 25, 30, 35 ……

残念ながら、ほぼ1か月後ということになります。

他にも、スーパーへ行って2つのティッシュがあったとき、どちらを買うのがトクか、を考えることができます。

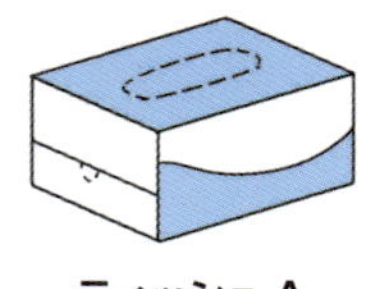
ティッシュ A
（150組250円）

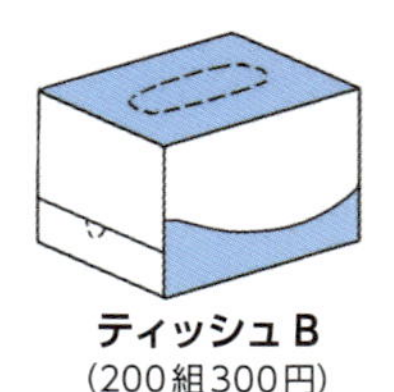
ティッシュ B
（200組300円）

どっちがトクかはL.C.M.で考えられる

ティッシュA、ティッシュBはそれぞれ150組（250円）、200組（300円）だとすると、この最小公倍数（組）は、

ティッシュ A　　150, 300, 450, 600, 750, 900, ……
ティッシュ B　　200, 400, 600, 800, 1000, 1200, ……

より、600です。600組のときのそれぞれの価格は、

ティッシュ A　　600 ÷ 150 = 4箱　4箱 × 250 = 1000円
ティッシュ B　　600 ÷ 200 = 3箱　3箱 × 300 = 900円

ティッシュBのほうがおトクです。

L.C.M.については、次のコラム（素数ゼミ）でも触れています。生物の生存戦略にもL.C.M.は関係していそうです。

Column

素数ゼミはL.C.M.の体現者？

セミ（蝉）というと、毎年7月〜8月に、ミーン、ミーンとけたたましく鳴く、夏の風物詩といえます。アメリカには、17年ごとに現れる17年ゼミ（アメリカ北部）、13年ごとに現れる13年ゼミ（アメリカ南部）という珍しいセミがいます。17、13は素数のため、「素数ゼミ」あるいは「周期ゼミ」とも呼ばれています。

17年ゼミや13年ゼミは、卵が木に植え付けられ、幼虫になると地面に潜って17年、13年の時をじっと待ち、地面から出て一斉に鳴き始めます。ただ、アメリカ全土に17年ごと、13年ごとに現れるわけではなく、ある年は五大湖の南にあるいくつかの州に、翌年は東海岸を中心に広く、といったように現れます。

なぜ、素数ゼミは17年ごと、13年ごとに現れるのかには諸説あります。その1つが「温度」の影響です。かつての氷河期のような厳しい時代には、たとえ生き延びられる狭い地域（レフュージア）があっても、「次に地上に出てくるタイミング」を皆で合わせないと、子孫を残せません（毎年は出てこられないので）。これが「○年周期」をつくったのではないかという考え方です。

では、３年周期、12年周期などでもよかったはずですが、なぜ「素数周期」なのでしょうか？

これは「最小公倍数（L.C.M.）」を利用すると、生存方法としてとても有利であることがわかります。たとえば、３年周期の捕食者がいた場合、周期が12年のセミが「同時に発生」するのは、12年ごと。これは「**3年と12年の最小公倍数**」です。

3年捕食者	3	6	9	12	15	18	21	24	27	30	33	36	39	42	45	48
12年ゼミ				12				24				36				48

なんと、出てくるたびに、捕食者が待ち受けている状態です。これは生存戦略としては、きつい話。

それが13年周期、17年周期の場合にはどうなるでしょうか？３年と13年のL.C.M.は39年。３年と17年のL.C.M.は51年ですから、その間は捕食者にあわずに済みそうです。

3年捕食者	3	6	9	12		15		18	21	24		27	30	33		36	39	42	45	48	51
13年ゼミ					13						26						39				
17年ゼミ							17								34						51

「I, i」はアルファベットの9番目の文字で、ギリシア文字の9番目「ι」(イオタ)に相当します。

iMac, iPod, iPad, iPhoneなど、アップル社の製品には軒並み「i」が使われ、いまや「i」の文字にはintellectual(知的)のイメージが漂います。実際、iPS細胞のiも、山中教授によれば「iPodからネーミングした」といいます。

なお、「J」はこのiから分岐した記号です。

「K, k」はアルファベットの11番目の文字。ギリシア文字の10番目の「K, κ」(カッパ)に由来します。

k=1000として、西暦2000年のことを「Y2K」のように表記することもあります。

「L, l」はアルファベットの12番目の文字。ギリシア文字の11番目の「Λ, λ」(ラムダ)に由来します。Lの小文字lは数字の「1」に似ているため、セリフ(小さな飾り)のあるフォント(*l*)などを使う配慮が必要なこともあります。体積の「リットル」はフランス革命の際、1793年にリトロン(ギリシア語由来)として定義されました。国際単位系および日本の計量法では、リットルはLまたはlで表し、ℓの記号は使わないようになっています。

imaginary number, etc.

$i, j, k, Re(z), Im(z), \bar{z}$

アイ（虚数）

「i」（アイ）は**虚数単位**（imaginary unit）と呼ばれます。虚数単位はiが一般的ですが、工学の世界では電流に「i」の記号を使っているため、虚数としてj、kなどもしばしば使います。

数の世界は、自然数、整数を経て、有理数、さらにはルートの数を加えた「実数」の世界へと拡張されていきますが、その先に現れるのが、「虚数単位i」を含んだ**複素数**の世界です。

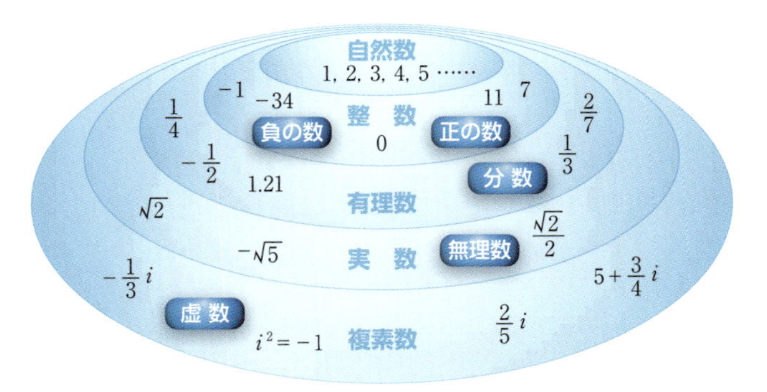

私たちが慣れ親しんでいる実数の世界では、実数xを2乗すると、必ず、次のようにプラスの数になりました。

$x = 2$のとき、2乗して、$x^2 = 2^2 = 4$（プラスの数）

$x = -2$のときでも、2乗して、$x^2 = (-2)^2 = 4$（プラスの数）

ここで、**「2乗して−1になる数」を考え、これを「i」で表します**。つまり、$i^2 = -1$で、このiを虚数単位と呼び、iは

$i^2=-1$を満たす解です。

虚数という呼び名や「i」の記号は、デカルト（1596〜1650）が「想像上の数（imaginary number）」と呼んだことから命名されたものです。当時のヨーロッパでは、負の数でさえ空想上の数字と考えられていたため、「2乗して負の数になる」なんて、想像上の産物としか思われていなかったのでしょう。

●「実数＋虚数」で複素数、そして複素共役

2つの実数a, bと虚数単位iを用いて「$a+bi$」としたのが複素数です。aは**実部**、bは**虚部**と呼ばれます。もし$b=0$なら、$a+bi=a$で実数、$b\neq 0$のとき、$a+bi$は虚数となります（とくに、$a=0$のときはbiのみとなり、**純虚数**という）。

なお、複素数同士の演算は、実部と虚部を合わせて、

$$(5+3i)+(2+5i)=(5+3+2+5)i=15i \quad \times$$

のような計算はできません。実部は実部同士、虚部は虚部同士でまとめることで計算可能です。つまり、

$$(5+3i)+(2+5i)=(5+2)+(3i+5i)=7+8i$$

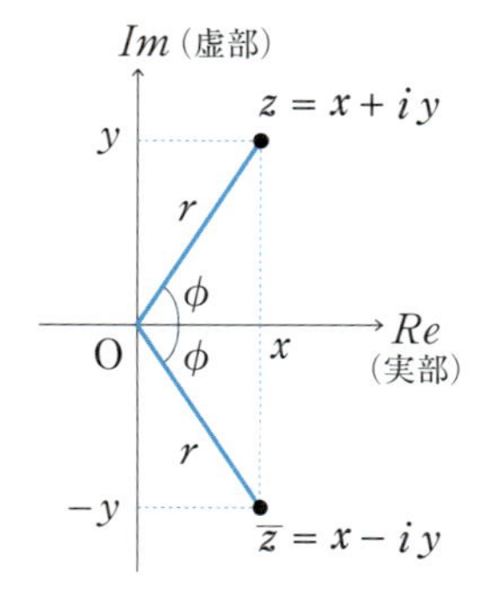

複素数を$z=Re(z)+i\,Im(z)$と書くことがあります。$\boldsymbol{Re}(\boldsymbol{z})$あるいは$\boldsymbol{Re\ z}$を実部（Real Part）、$\boldsymbol{Im}(\boldsymbol{z})$あるいは$\boldsymbol{Im\ z}$を虚部（Imaginary Part）を指す記号として使うのです。

また、$z=x+iy$のとき、$x-iy$となる複素数を$\bar{z}$と表し、zの複素共役（きょうやく）であるとか、共役な複素数といいます。

integral

$F(x)=\int f(x)dx$, $\int_0^3 x^2 dx$
インテグラル（積分）

積分には不定積分、定積分の2つがあります。

不定積分

$$F(x)=\int f(x)dx$$

範囲がない

定積分

$$F(x)=\int_1^3 f(x)dx$$

範囲がある

左上の形は、「不定積分」と呼ばれるもので、微分すると$f(x)$になる関数一般をさします。たとえば、$F(x)=\int 3x^2dx$なら、ある関数$f(x)$を微分すると$3x^2$になるということなので、$f(x)$としてx^3をすぐに思いつきます。けれども、それ1つとは決まりません。他にもx^3+1、x^3-5など、後ろの定数を変えていくことで、実は無数にあることに気づきます。そこでこれらをまとめて、

$$\int 3x^2dx=x^3+C$$

という形にしています。このCは**積分定数**と呼ばれるものです。

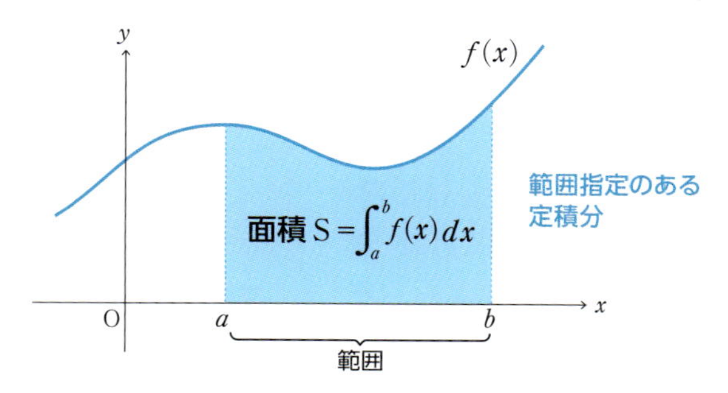

もう1つの「定積分」とは、前ページの図のように、積分をする範囲（a~b）があり、それによって積分定数Cが計算過程で相殺され、消えてしまいます。定積分は、面積や体積を求めるのに使われます。

● インテグラルにもいろいろな形がある

ところで、積分記号「∫」（インテグラルと読む）の形にはいろいろなバリエーションがあります。

$$\int_0^1 \qquad \int_0^1 \qquad \int_0^1$$

左から順に、MathType（数式入力ソフト／マスタイプ）、TeX（組版処理システム／テフ、テック）、さらには高校数学の教科書の書体です。積分記号のインテグラル∫（Integral symbol）を考え出したのは、ライプニッツ（1646~1716）です。積分は一度小さく切り刻み、それをすべて集めて面積や体積を求める作業ですから、ライプニッツはそれをcalculus summatories（総括計算）と呼び、そのsum（総和）から、「s」をタテに長く伸ばして記号化した、とされます。

数学記号にくわしい片野善一郎氏は、「古くからdemonſtrationのようにsだけ長く書く習慣があったようです」と指摘しています。そうすると、sが∫として記号化されたのは自然な成り行きだったのかもしれません。

●「s」なのに、なぜインテグラルと読むのか？

では、なぜ「s」に端を発する∫記号が「インテグラル」と読まれるのでしょうか。それは、ライプニッツとも交友のあったスイスのヤコブ・ベルヌーイ（1654～1705/ヨハン・ベルヌーイの兄）が積分のことをcalculus integraliaと呼び、その英語integral（完全な）から、積分の記号を「インテグラル」と呼ぶようになったようです。

GPSではなく、積分でクルマの位置を測定

現在のカーナビはGPSで位置測定をしています。一方、GPSでの位置情報を入手できない1970年代にホンダが開発したのが、ジャイロセンサーと距離センサー、地図シートによってクルマの移動方向・走行距離を検出し、積分によって現在地を求めるシステムです（自動車専用慣性航法装置）。

草創期にはさまざまな技術が林立しますが、積分はそんなところにも顔を出していたのです。

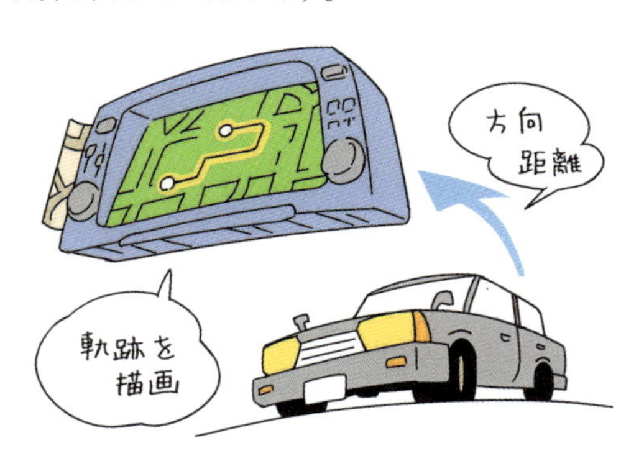

logarithm

log, ln
ログ／エルエヌ（対数関数）

対数logは「ログ」と呼ばれ、logarithmを省略したものです。他に、ln（エルエヌ）という書き方もあります。

一般に「指数・対数」とペアで呼ばれるように、指数と対数とは、次のような関係にあり、これを逆関数といいます。

（指数）$2^3=8$ ⇆ （対数）$\log_2 8=3$

（指数）$3^5=243$ ⇆ （対数）$\log_3 243=5$

（指数）$10^3=1000$ ⇆ （対数）$\log_{10} 1000=3$

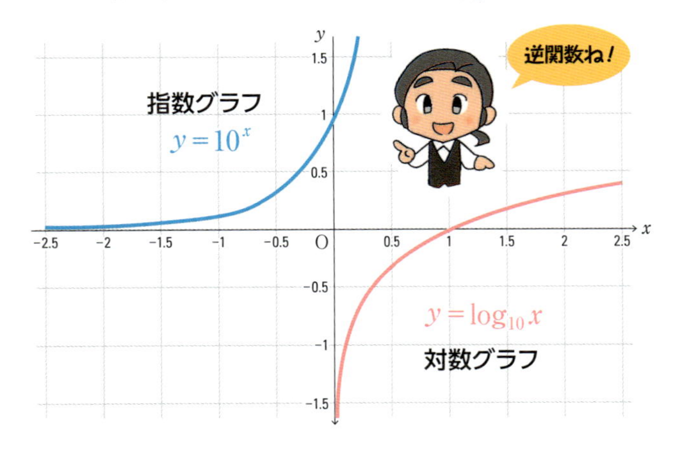

対数の記号を大きく書いて、もう一度見てみると、

$$\log_{10} 1000 = 3$$

のようになっています。ここで、logの次に「10」という数値が

小さく書かれています（下付き添字）。これは下に書かれているので、対数では「底」と呼びます。

底に使える数値は10に限らず、2でも、6でも、18でもかまいませんが、主に使う数値としては2種類あります。10とe（ネイピア数、またはオイラー数：68ページ参照）です。

このため、10とeの場合は「底を省略してもよい」ことになっています。その場合、両者ともに$\log 1000$のように書かれると、10を略したのか、eを略したのか判別できません。そこで、10とeとでは、次のように表記を変えることがあります。

底の10を略した形式	$\log 1000$
底の e を略した形式	$\ln 1000$

「ln」は、エルエヌとか、ロン、自然対数の1000などと呼びます。

そして、10を底とする対数のことを**常用対数**、eを底とする対数のことを**自然対数**と呼んでいます。

● 自然対数は微分で超便利！

71ページでも述べましたが、ここで当然の疑問が湧いてきます。それは、底が10の場合には10進法に慣れた私たちには計算もしやすいでしょうし、そちらが「自然対数」というなら別ですが、わざわざ底に2.7182……と続くeを使ったものが「自然対数」とはどういうことなのでしょうか。

これは対数を微分するとき、底が10の場合（左下）よりも、「底がeのほうが便利！」「使いやすくて自然」というのが理由です。

$$(\log_{10} x)' = \frac{1}{x \log_e 10} \qquad (\log_e x)' = \frac{1}{x}$$

Column

pHとマグニチュード

対数が日常生活でよく使われる例としては、pH（ペーハー/ピーエイチ）とマグニチュードがあります。

pHは水素イオン指数といい、その溶液が酸性かアルカリ性（塩基性）かの判断に使われます。これはpH<7のときに酸性、pH=7のとき中性、pH>7のときアルカリ性というもので、次の式で求められます。

$$\mathrm{pH} = -\log_{10}[\mathrm{H}^+]$$

底は10ですから、pHが1違うと水素イオン濃度（H^+）が10倍違うと読み取れます。

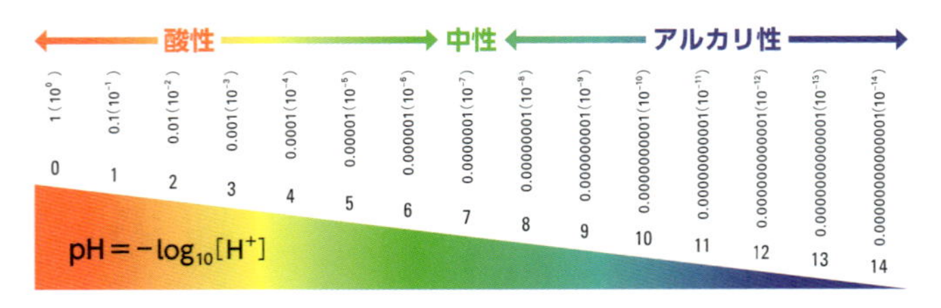

地震でよく聞くマグニチュードはどうでしょうか。これは地震のエネルギーの大きさを表すもので、地震のエネルギーをE、マグニチュードをMとすると、

$$\log_{10}E = 4.8 + 1.5M$$

で表せます。この式を見ると、Mを1だけ増やすと、地震のエネルギーの対数は1.5増え、Mを2増やすとエネルギーの対数は3増えるとわかります。対数の底は10なので、Mが3増えれば、$\log_{10}E = 3$から、$E = 10^3 = 1000$で、エネルギーは1000倍も大きくなる、と読み取れます。

「M, m」はアルファベットの13番目の文字で、ギリシア文字の12番目の「M, μ」（ミュー）に由来します。単位には基本単位と、それをもとにした組立単位があります。長さは7つの基本単位の1つなので「m」（メートル）とローマン体（立体）で書き、質量は組立単位のため「m」のようにイタリック体で書きます。

「N, n」はアルファベットの14番目の文字で、ギリシア文字の13番目の「N, ν」（ニュー）に由来します。アンケートで調査数（標本数）を$n=50$のように表記しますが、このnはnumberの略です。

「O, o」（オー）はアルファベットの15番目の文字で、ギリシア文字の15番目の「O, o」（オミクロン）に由来します。O（オー）と0（ゼロ）とを区別するため、0に斜線を入れたØとすることもあります。

modulo

mod

モッド、モード（余り、剰余）

mod（モッド、モード）とは、割り算をしたときの「余り」のことです。

X mod Y = P

とあると、XをYで割った余りは「P」だということです。

たとえば、12 mod 5 = 2、7 mod 3 = 1、31 mod 7 = 3です。

意味としては「余り」を算出するというだけなので、どんなケースで使われているかを紹介してみましょう。

銀行の口座番号、書籍や雑誌のコードなどには、必ず「**チェック数字**（デジット）」と呼ばれるものがあります。

今、預金の口座番号が仮に「1230」の4ケタだとします。もし、あなたが『1231』と入力ミスをして1万円を振り込んだら、『1231』の口座を持つ他人に入金することになるのでは困ります（名前の確認などはありますが）。

ミスは誰にでもあります。それを避けるため、実際の口座番号（4ケタの場合）は次のような構成になっています。

最初の3ケタ目まで　……　「顧客」の識別番号
最後の4ケタ目　　　……　「チェック数字」

つまり、本人の本当の口座番号は「123」までで、次のチェック数字は、その前の3ケタの数字をもとに、「チェック用の数」として算出されたものなのです。

● 書籍コードのチェック数字

本書の最終ページ（奥付）の右下を見てもらうと、小さく、

ISBN 978-4-8156-0125-6

と書いてあります。これが書籍コードで、最後の「6」がチェック数字です。書籍のコードは次のようになっています。

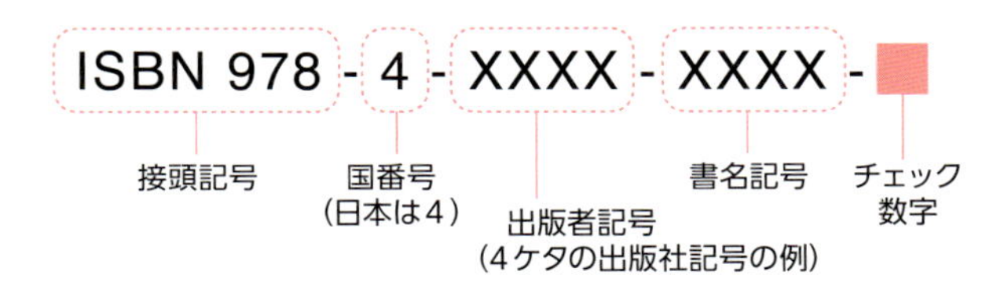

出版社が実際に自由に使えるのはXXXX-XXXXの8ケタのみで、それも出版者記号（SBクリエイティブの場合8156の4ケタ）を除いたケタの数字を本によって変えています（出版者記号の長さによる）。ここで、以下の計算をします。

① 978から始まる奇数番号の数字を足し、1倍する ➡ A

② 978から始まる偶数番号の数字を足し、3倍する ➡ B

③ A＋Bを計算し、10で割って余りを出す（mod）➡ C

④ 10－C ➡ チェック数字（ただし、C＝0のときは0とする）

では、「ISBN 978-4-8156-0125-6」を見てみます（最後の「6」は実際にはチェック数字なので、今はその「6」を得るのが目的）。

❶ $9+8+8+5+0+2=32$　$32\times1=32$ ➡ $A=32$

❷ $7+4+1+6+1+5=24$　$24\times3=72$ ➡ $B=72$

❸ $A+B=32+72=104$　$104 \bmod 10=4$ ➡ $C=4$

❹ $10-4=6$ ➡ **チェック数字＝6**

ということで、最後の「6」が決まります。

このような「余り」計算に使われるのがmodなのです。

n Permutation r

${}_nP_r$

エヌピーアール（順列）

${}_nP_r$とは、順列で使われる記号です。**「いくつか（n個）のものから、その一部（r個）を取り出して並べたときの並べ方の総数」を考えるのが順列**です。順列がどういう場合に使われるか、そのシーンを1つ考えてみましょう。

たとえば「暗号」です。ローマのカエサルは「カエサル暗号」をつくったことで有名です。いきなり「L ORYH BRX」という文面を見るとサッパリわかりません。けれども、それがアルファベットの文字を「3文字ずつ」後ろにズラしているとわかれば、A→D、B→E、C→F……ですから、「L ORYH BRX」を3文字ずつ前に戻すと「I love you」となります。

カエサル（シーザー）暗号

平アルファベット	A	B	C	D	E	F	G	H	I	J	K	L	M	N	O	P	Q	R	S	T	U	V	W	X	Y	Z
暗号アルファベット	D	E	F	G	H	I	J	K	L	M	N	O	P	Q	R	S	T	U	V	W	X	Y	Z	A	B	C

上段のアルファベットに対して3文字ずつズレている

スキュタレー暗号

示し合わせた太さの丸棒に巻く

カエサル暗号解読表

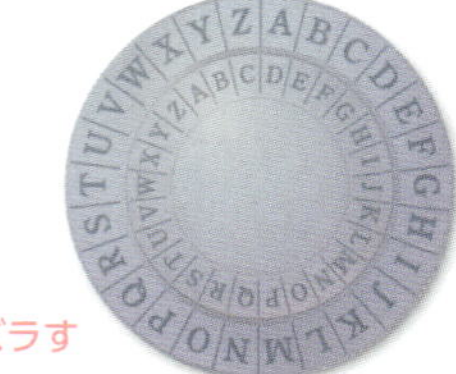

3文字ズラす

カエサル暗号は「3文字ズラす」だけだったが……

しかけは案外、単純でした。この3文字を5文字に、8文字にズラしても、すぐに解かれてしまいます。映画『2001年宇宙の旅』に出てくるコンピュータHALの名前も、IBMの名前を1文字ずつ前にズラした(発展させた)ものでした。

暗号であれば、もっと込み入ったものにしないと……。

そこで、A〜Zの26文字を、それぞれ別の文字に置き換えて送ることにしましょう。もちろん、味方はその対照表(解読表)をもっていますから、味方には意味がわかります。

A	B	C	D	E	F	G	H	I	J	K	……
↓	↓	↓	↓	↓	↓	↓	↓	↓	↓	↓	
P	C	X	M	V	W	N	H	S	A	B	……

こうなると、敵はたいへん。解読しようとしても、最初の暗号文字はA〜Zの26通りが考えられ、次の暗号文字は25通り、3番目の暗号文字は24通り、4番目は23通り、5番目は22通り、……最後の26番目は1通り。

これを表すと、26×25×24×……×3×2×1、これは、26！(26の階乗)と呼んでいます(階乗については173ページ参照)。

● 階乗(！)から順列($_nP_r$)へ

この暗号方式ですと、「WOUFL」という、たった5文字の暗号であっても、「26×25×24×23×22通り」もあることになります。なんと、789万3600通りです。

ところで、このように「26×25×24×23×22」と書くのはめんどうです。もう少しスマートな方法があればいいのですが。それには、先ほどの「！」記号を利用するのです(！の読み方は「階乗」)。暗号を26個すべて並べてあれば、それは「26！」でした。

$$26 \times 25 \times 24 \times 23 \times 22 \times 21 \times 20 \times \cdots\cdots \times 1 \quad \cdots\cdots\cdots ❶$$

そして、「WOUFL」という暗号では5文字しかないから、

$$26 \times 25 \times 24 \times 23 \times 22 \quad \cdots\cdots\cdots ❷$$

です。❶と❷を見比べると、❶の後ろにある、

$$21 \times 20 \times \cdots\cdots \times 1$$

の部分が❷には存在しません。そして、この $21 \times 20 \times \cdots\cdots \times 1$ の部分は、「21！」(階乗)と書けます！　そうすると、$26 \times 25 \times 24 \times 23 \times 22$ は、次のように考えられます。

$$\frac{26 \times 25 \times 24 \times 23 \times 22 \times 21 \times 20 \times \cdots\cdots \times 1}{21 \times 20 \times \cdots\cdots \times 1} \begin{array}{l} \longleftarrow \text{これは26！} \\ \longleftarrow \text{これは21！} \end{array}$$

そうすると、$26 \times 25 \times 24 \times 23 \times 22$ は、

$$26 \times 25 \times 24 \times 23 \times 22 = \frac{26 \times 25 \times 24 \times 23 \times 22 \times 21 \times 20 \times \cdots\cdots \times 1}{21 \times 20 \times \cdots\cdots \times 1}$$

$$= \frac{26!}{21!}$$

ところで、これは「26個のアルファベット文字から5個取ってきた」形ですが、式を見ると「5」はどこにもありません。そして、21という数字はどこから出てきたかというと、(26－5)なのです。21の部分を変えれば……、

$$26 \times 25 \times 24 \times 23 \times 22 = \frac{26 \times 25 \times 24 \times 23 \times 22 \times 21 \times 20 \times \cdots\cdots \times 1}{21 \times 20 \times \cdots\cdots \times 1}$$

$$= \frac{26!}{21!} = \frac{26!}{(26-5)!} \begin{array}{l} \cdots\cdots \text{26個すべての並べ方} \\ \cdots\cdots \text{5個以外(21個)の並べ方} \end{array}$$

この「26個のものから、5個を取ってきてそれを並べる」というのを「n個のものから、r個を取ってきて並べる」と考えると、

$$ {}_{n}\mathrm{P}_{r} = \frac{n!}{(n-r)!} \quad \cdots\cdots\cdots\cdots ③ $$

です。これが「**順列**」と呼ばれているもので、順列には${}_{n}\mathrm{P}_{r}$という記号があります（PはPermutationの略）。

ちょっと例題をやってみましょう。「Aさん、Bさん、Cさんの3人を順番に並べる方法がいくつあるか」を考えてみます。「3人の中から3人を選んで（取ってきて）、その3人を並べる方法」です。そうすると、$n=3$、$r=3$なので、式に入れると、

$$ {}_{3}\mathrm{P}_{3} = \frac{3!}{(3-3)!} = \frac{3!}{0!} = \frac{3\times 2\times 1}{1} = 6\text{（通り）} $$

上式で「0！＝1」なので（174ページ参照）、うまく計算できましたね。ただ、このくらいの数であれば、

ABC、ACB、BAC、BCA、CAB、CBA　　6通り

と順々に拾い上げていってもできます。

五人囃子（ばやし）の並べ方は何通りある？

そして、4人になると24通り（4×3×2×1）、5人になると120通り、6人になると720通りです。こんなに大きくなると、

漏れなく、重複なく数え上げるのはたいへんです。

さらに、「13人の中から4人を選んで並べる方法」というときには、13！は62億にもなります。とても大きな計算です。

	A	B	C	D	E	F
1						
2	n=	13	6,227,020,800		並べ方の総数=	17,160
3	r=	4				
4	n-r=	9	362,880			

実際の計算はExcelに任せるとしても、Excelの計算ではいったん、13！をすべて計算しています。でも、${}_nP_r$の❸式を使うと、

$$\frac{13!}{(13-4)!}=\frac{13!}{9!}=\frac{13\times12\times11\times10\times9\times8\times\cdots\cdots\times1}{9\times8\times\cdots\cdots\times1}$$

$$=13\times12\times11\times10=17{,}160\text{（通り）}$$

のように、分母と分子で互いに相殺しますから、計算は（13×12×11×10）だけで済み、電卓でも計算できそうです。

計算式は嫌われがちですが、全体を見通したり、ムダな計算をしなくてもいいメリットがある、ってことでしょうか。

エニグマ暗号

さて、暗号の話に戻りましょう。第二次大戦時にドイツがつくったエニグマ暗号には、1.59×10^{20}通りの暗号鍵の候補があったとされます。この暗号を解くため、イギリスは最高のチームを組み、その中の一人が数学者アラン・チューリングでした。しかし、解読に成功していたこと自体がイギリス政府の秘密とされ、戦後も長く発表されることはありませんでした。

n Combination r

$_nC_r$
エヌシーアール（組合せ）

順列とくれば、次は「組合せ」です。順列のおさらいをすると、「10人から3人を選び、その3人の並べ方を考える」というパターンです。

この3人がA、B、Cのとき、ABC、ACB、BAC、BCA、CAB、CBAの6つの並び順は違うので「すべて違う」としてカウントされます。**順列は、並び方、並ぶ順がポイント**となるからです。

3人の顔ぶれは1通りでも、「並び方」は6通り（順列・$_3P_3$）

けれども、顔ぶれを見ると、Aさん、Bさん、Cさんの3人であることに変わりはありません。わずか「1組」です。このように、並ぶ順番の違いを考慮する（順列）と「6通り」ありますが、順番を無視して「顔ぶれ」の違いだけで見れば「1通り」です。

この顔ぶれ（セット、組合せ）を考えるのが「**組合せ**」です。組合せはCombinationの意味から、$_nC_r$と表記されます。

3人の顔ぶれは1通り（組合せ・$_3C_3$）

順列なら6通りなのに、組合せになると1通りになったのはなぜでしょうか？　それは、組合せが同じものであっても、「その中での並べ方で違うものを別物」とカウントしたことによります。

そうであれば、**順列から組合せの数を調べる**ことができます。つまり、順列とは「n人からr人を選び、**そのr人の並べ方**」でしたが、後ろの「**r人の並べ方**」を無視すれば、組合せとなるわけです。ということは、順列の式を変形してやると、

順列

$$_nC_r = \frac{_nP_r}{r!} = \frac{\frac{n!}{(n-r)!}}{r!} = \frac{n!}{r!(n-r)!}$$

と、順列の式から組合せの式を導くことができました。

マユミ：順列と組合せって、よく間違うんですけど。なんか区別をうまく付けられないかな、と……。

ユージ：たしかにそうだね。順列って、2つに分けられるんだ。

❶ n人からr人を選ぶ

❷ そのr人の並べ方（r！）

だったでしょ。組合せは❶の部分だけなんだ。

順列・組合せの区別が付くような問題をやっておこうか。

【問題】　8人の自治会役員から会長・副会長を1名ずつ選ぶことになりました。会長・副会長の選び方は何通りありますか？

マユミ：「8人のうち2人を選び、その並べ方は？」と書いてあると、「順列」とわかるんですけど、この問題にはそうは書いてませんよね。そうなると、わからなくなります。

ユージ：あわてなくていいよ。まず、「8人のうち2人を選ぶ」までが❶だね。この2人（たとえばAさん、Bさん）を選べば終わり……なら、さっき、「組合せは❶の部分だけ」といったように、組合せの問題だ。

でも、ここでは「2人」を選んで終わりではない。「会長・副会長」を決めないといけないんだから、「2人の区別（会長・副会長）」が必要なんだ。

仮に、1番目の人を会長、2番目の人を副会長とすると、「A・B」と「B・A」という並べ方がある、と思えばいい。だから、この部分は❷（2人の並べ方）に相当して、結局、順列の問題だとわかる。

マユミ：そうか。順列の問題だったんですね。そうすると、順列の公式${}_nP_r$を使って、$n=8$、$r=2$なので、

$$
{}_8P_2 = \frac{8!}{(8-2)!} = \frac{8!}{6!} = \frac{8 \times 7 \times 6 \times 5 \times \cdots\cdots \times 1}{6 \times 5 \times \cdots\cdots \times 1}
$$

$$
= 8 \times 7 = 56\ (\text{通り})
$$

役員の数＝8

会長・副会長＝2

センパイ、ありがとうございます。これで「順列」の問題だとわかりました。

ユージ：でも、次のように書いてあったら、別だよ。

【問題】 ８人の自治会役員から代表者を２名選ぶことにしました。代表者の選び方は何通りありますか？

ユージ：こう書いてあったら、「８人のうち２人を選ぶ」までは❶と同じだけど、選ばれた２人の代表者には違いがない。ここがポイント。だから、２人の顔ぶれだけが問題。

マユミ：つまり、「組合せ」ということですね。「会長・副会長」の区別がないから「順列」ではない。計算してみますね。

$$ {}_8C_2 = \frac{8!}{(8-2)!\,2!} = \frac{8!}{6!2!} = \frac{\overset{4}{\cancel{8}} \times 7 \times \cancel{6} \times \cancel{5} \times \cdots\cdots \times \cancel{1}}{\cancel{2} \times 1 \quad \cancel{6} \times \cancel{5} \times \cdots\cdots \times \cancel{1}} $$

$$ = 4 \times 7 = 28 \text{（通り）} $$

２人の区別はない（重複を除く）

なるほど、「○人から×人を選んだ」の後の表現を見て、その×人に何らかの順番（区別）を付けるべきかどうか、で考えればいいというわけですね。

８人から２人（代表者）を選ぶだけ＝組合せ
８人から２人を選び、さらに「会長・副会長」を選ぶ＝順列

number

$\mathbb{N}$, $\mathbb{Z}$, $\mathbb{Q}$, $\mathbb{R}$, $\mathbb{C}$

エヌ/ゼット/キュー/アール/シー(自然数/整数/有理数/実数/複素数)

「**数**」(number)には、次の2つの意味があります。

(1) 順序・順番を表す

(2) 全部でいくつあるかの「量」を表す

この**「数」の概念を具体的に表すための記号が「数字」**でした(第1部参照)。そのために、人類はさまざまな形を「数字記号」として編み出してきましたが、「数の概念」自体も、時代の発展に伴って、大きく拡大してきました。

現在は、おおよそ次のような「数」が知られています。

自然数	1, 2, 3, 4, 5……
整　数	……−3, −2, −1, 0, 1, 2, 3, 4, 5……
有理数	整数に分数(整数÷0ではない整数)を加えた数
実　数	有理数に無理数、πなどを加えた数
複素数	実数に虚数(i)を加えた数

「ℕ」は自然数全体の集合。子どもの頃から「1, 2, 3, ……」と数字を数えはじめることが多かったでしょう。この「ふつうの数」、「自然な数」の1, 2, 3……が「自然数」で、「ℕ」の記号で表します。ℕはNatural numberの略です。

「ℤ」は整数全体の集合。整数は英語ではinteger、またはwhole numberであり、「ℤ」の文字はどこにも出てきません。このℤ記号はドイツ語のGanze Zahl（整数）に由来するとされます。

「ℚ」は有理数全体の集合。英語ではrational numberですが、この「ℚ」という記号は、イタリアのペアノ（1858〜1932）によって「商」を意味するQuozienteからつくられました。有理数とは「分数の形」で表せる数のことをいいます（互いに素の2つの整数m, nによるn/mの形：ただし$m \neq 0$）。有理数は分数、つまり「比のある数」を表しているので、日本語訳としては「有理数」というよりも、「有比数」のほうが意味がわかりやすかった、という声をよく聞きます。

「ℝ」は実数全体の集合。Real numberの略です。意味としては、分数では表せない数を含んだ数のことです。たとえば無理数の$\sqrt{2}$なども実数です。

「ℂ」は複素数全体の集合。Complex numberの略です。

これらの「数」の概念は、人間の商業活動からの必要性、あるいは知的活動などとともに徐々に拡張され、発見されてきたものといえます。たとえば、ピタゴラス学派は有理数（整数や分数）の範囲までしか認めていませんでしたが、実は、直角二等辺三角形の斜辺が有理数の範囲を超えることに気づき、その事実を伏せていたとされます。つまり、分数では表すことのできない、無理数の存在です。

● 黒板文字って何だ？

自然数から複素数までは、ℕ、ℤ、ℚ、ℝ、ℂの記号が用いられます。いずれも太字の大文字（ローマン、立体）です。ふつうの太字だと、先生が教室内で板書しようとしたときに、チョークで何度もなぞって書く手間があるため（手間のわりに、代わり映えしない）、一部の線を2本にした「**黒板太字**」と呼ばれる書体が記号として使われているのです。

黒板文字は数式入力ソフトのMathTypeからでも入力できますが、文章の中に埋め込むのは少しめんどうです。

他には、日本語入力ソフト（Google日本語入力など）の文字パレットにも黒板文字が掲載されています。ただし、AやBなどの黒板太字はなく、数学で使うℕ、ℤ、ℚ、ℝ、ℂのみが掲載されているようです。

この文字パレットから、必要な文字をWordなどに貼り付けていくこともできます。

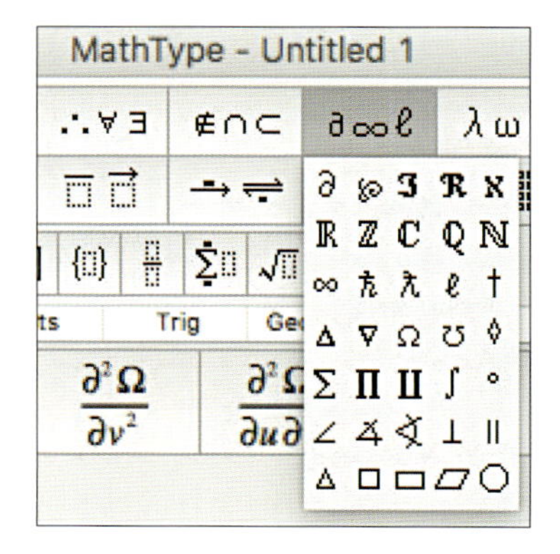

Normal distribution

$N(\mu, \sigma^2)$

エヌミューシグマ2乗（平均μ、分散σ^2の正規分布）

統計学で最も使用頻度の高い分布といえば、「正規分布」です。Nは正規分布（Normal distribution）の略です。正規分布を表す$N(\mu, \sigma^2)$の中にあるμ（ミュー）は「平均値」、σ^2（シグマ2乗）は「分散」と呼ばれるものです（分散とは散らばり具合）。なお、分散σ^2のルートをとったものを「標準偏差（σ）」といいます。

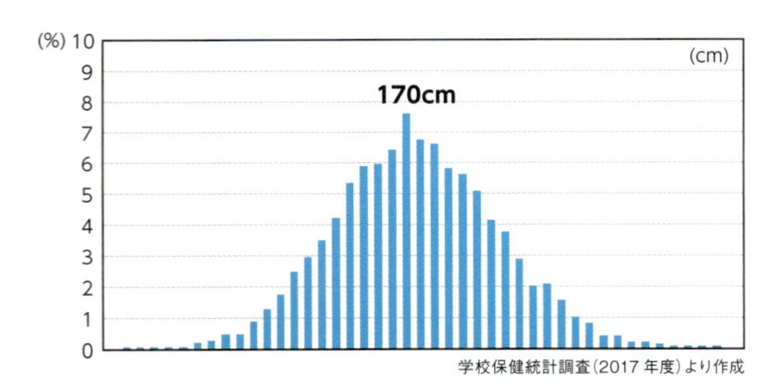

学校保健統計調査（2017年度）より作成

……と一気に書きましたが、そもそも正規分布とは何でしょうか。グラフは、17歳の男子高校生の身長を表した分布グラフです。170cmぐらいのところにいちばん多くの生徒が集まり、それよりも身長が低くなる、あるいは、高くなるごとに徐々に減少していくグラフになっています。このような分布が正規分布です。

〝正規〟というと難解な概念に感じますが、こういうときは、日本語訳に振り回されないことです。

正規分布のもとになった言葉は、英語のNormal distribution

で、これは「**ごくありふれた分布**」という程度の意味しかありません。

正規分布は日常的にあちこちで見られる、ありふれた分布です。スーパーで売っているタマネギを100個買ってきて重さを量れば、身長の分布のように、平均的な重さのものが真ん中にいちばん多く集まり、それを中心に、左右に徐々に減っていくグラフ（正規分布）になるだろうと予測できます。これが正規分布です。

国語と数学のテストをして、その2科目の得点分布が下のグラフのように、きれいな正規分布になったとします。もちろん実際には、テストの結果が正規分布になるという保証はありませんが、ここでは「正規分布になった」と仮定してください（問題作成者がよい問題をつくったということ）。

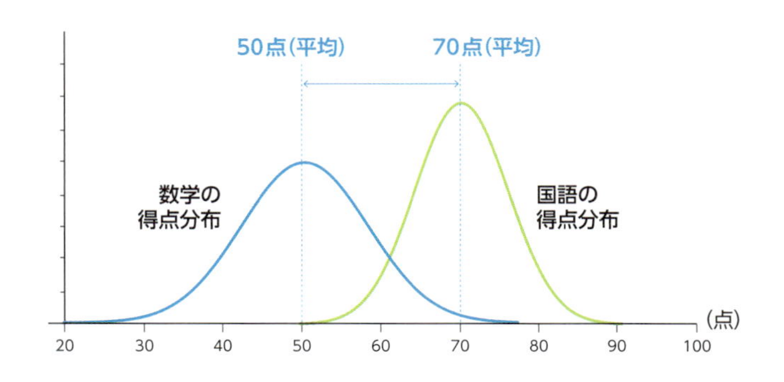

これを見てもわかるように、**正規分布は1つではなく、平均値、データのバラツキ具合によって、位置も形も変わる**のです。

バラツキ度は分散（σ^2）で決まりますので、結局、正規分布は「平均値（μ）」と分散（σ^2）を代入すれば、グラフを描ける——それを示したのが$N(\mu,\sigma^2)$だったのです。

O with stroke (empty set)

Ø, ∅
ストローク付きオー (空集合)

● ストローク付きオー「Ø」

「空集合」とは要素(元)を1つももたない集合のことです。空集合を表すには、「Ø」あるいは「∅」の記号が多用されます。

「Ø」の記号は、ブルバキ(1930年代から活躍している数学者集団)がノルウェー語のO(オー)に斜線を付けた「Ø」(ストローク付きオー/スラッシュ付きオー)を提案したことから始まったとされています。

「∅」の記号は、0(ゼロ)に/を付けた記号で、「ストローク付きゼロ/スラッシュ付きゼロ」と呼ばれます。

たとえば、2つの集合X(1, 5, 9, 13)と集合Y(2, 8, 16, 22)の間には、「重なる要素(共通部分)」が1つもありません。この場合、∩(積集合)を使って、

$X \cap Y = \emptyset$ (または、∅を使って $X \cap Y = \emptyset$)

と表し、Øや∅を空集合(くうしゅうごう/empty set)と呼びます。**重なりがカラッポ(empty)**というわけです。

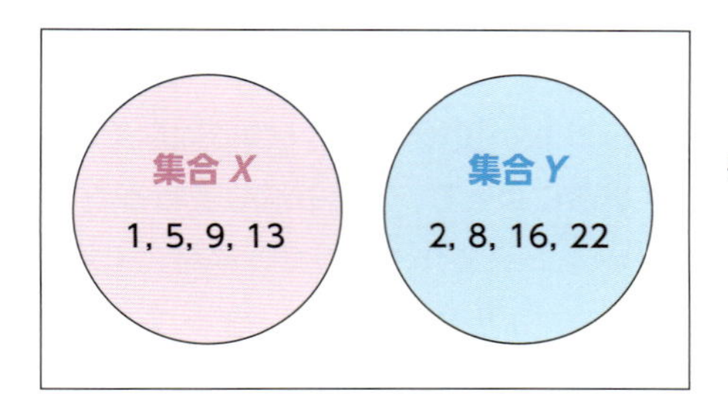

2つの集合
X、Yには、
共通部分がない

$X \cap Y = \emptyset$
(空集合)

● φ（ファイ）に似て非なる記号「Ø」

Ø（ストローク付きオー）を使う場合は、文字パレットから右図のように「Ø」を探して、単語登録をしておくとよいでしょう。

ところで、「Ø」（ストローク付きオー）や「0̸」（ストローク付きゼロ）は、ギリシア文字の「φ」（ファイ）に非常によく似た形をしているため、しばしば間違って使われます。しかし、厳密にはφ（ファイ）ではありません。

ただ、「Ø」や「0̸」を単語登録するのがめんどうであったり、何らかの理由で使えない場合は、φ（ファイ）で代用してしまってよいと思います。その場合は、最初に「空集合をφとする」と定義（宣言）してからφを使用すればよいでしょう。空集合を表す場合、どうしても「Ø」か「0̸」を使わないといけない、というわけではないからです。

「φ」を代用した事例

1980年代に活躍した日本のロックバンドBOØWY（ボウイ）は、正しくはストローク付きオーの「Ø」を使いますが、φを代用して、BOφWYとしたこともあるようです。大事なのは内容が伝わること。記号は主役ではなく、「伝えるための手段」にすぎないわけで、出力しにくければ、代用もアリと考えます。

といっても、円周率πをわざわざ「円周率をθとする」のような記号の使い方は顰蹙（ひんしゅく）を買うだけですので、ご注意を。

「P, p」はアルファベットの16番目の文字で、ギリシア文字の「Π, π」(パイ)に由来します。

「Q, q」はギリシアの古い文字「Ϙ, ϟ」(コッパ)に由来します。

「R, r」はギリシア文字の「Ρ, ρ」(ロー)に由来する記号です。形がPに酷似しているため、Pと区別できるよう、Pの右下にひげを付けて「R」の形をつくりました。

44ページの©マークに似たものとして、®(登録商標マーク)があります。®は登録済みの商標に使われ、まだ登録されていない商標には™の記号が使われます。

Pi

π

パイ（円周率）

円周率π（パイ）は、ギリシア語の$\pi\varepsilon\rho\acute{\iota}\mu\varepsilon\tau\rho o\varsigma$（ペリメトロス）、あるいは$\pi\varepsilon\rho\iota\phi\acute{\varepsilon}\rho\varepsilon\iota\alpha$（ペリペレイア）の頭文字「$\pi$」（Pに相当）から取られたとされています。

マユミ：円周率πは3.14と覚えていますが、本当は、

$\pi=3.14159265358979\cdots\cdots$

と続く、「どこまでも終わりのない数値」ですよね。

ユージ：1つ聞くけど、「π」って、そもそも何のことだっけ？

マユミ：えっ？　円周率は円周率ですよ……。えっと、「円周率」というぐらいだから、円周の率。あ、「円周の比率」です。

ユージ：それって、何か言葉が抜けてない？　「××と円周の比率」なら、わかるけど。何と円周とを比べたときのかな？

マユミ：円周は「長さ」だから、長さ比べとなると、半径か直径です。円周って、半径の６倍くらいはありそうだから、3.14にはなりそうにない。すると、直径ですか？　「円周率πとは、直径と円周との比率のこと」ですね、きっと。

ユージ：そうだよね。もう少し正確にいうと、「**直径に対する円周（円長）の比率**」というところかな。

直径を１とすると、だいたい円周は3.14倍くらいの長さになる、ってこと。これはどんなに大きな円でも、どんなに小さな円でも、変わらない比率だ。常に、

「直径：円周＝1：3.14……」

の関係がある、ということだね。

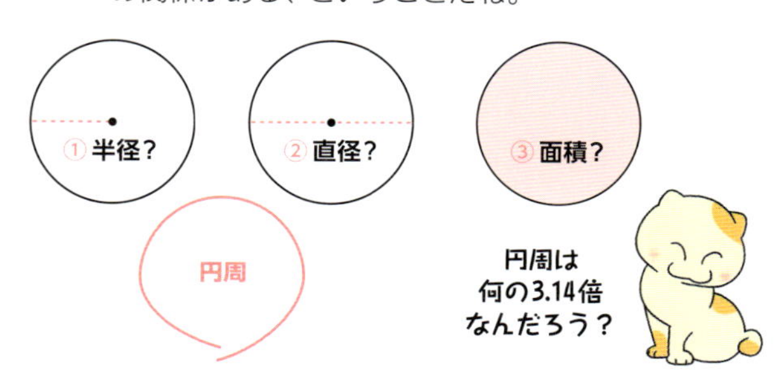

マユミ：疑問なんですが、どうせ「ピッタリ３.14」ではないんだから、「3」でもいいんじゃないでしょうか？

ユージ：直感的に「3では困るな」と思うことがあるんだ。直径が１の円に内接する正六角形を描いてみる。すると、この正六角形の周の長さは「3」になってしまうでしょ。

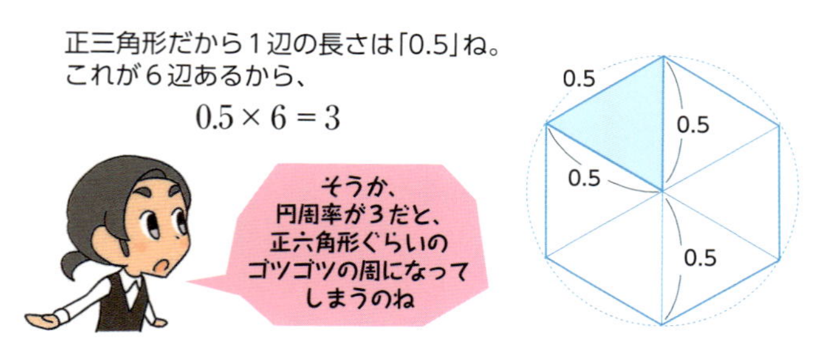

マユミ：ホントですね。3.14と3は近い数字に思えますけど、図にしてみると、円と正六角形ほどの差があるんだ。じゃぁ、この正六角形を正12角形にして、さらに正24角形……のようにしていくと、正六角形の３よりも、πの真の値に近づいていく、と考えていいですか？

ユージ：その通り。実際には、❶円に内接する正96角形、❷円に外接する正96角形の周の長さまで求め、「円周の長さは、❶と❷の間にある」ということで、アルキメデス（紀元前287～紀元前212）が求めたんだ。

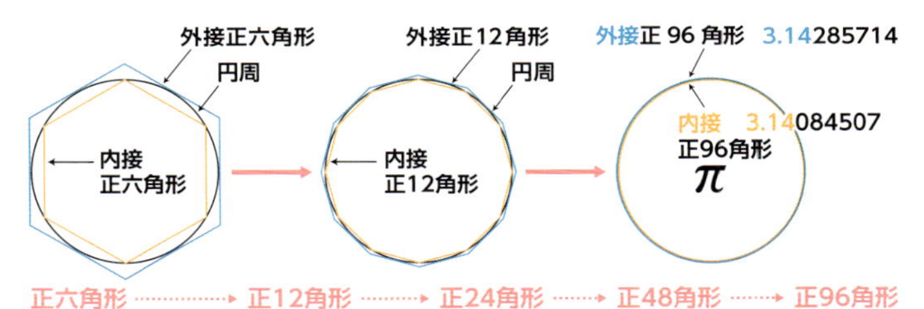

マユミ：そうなんですか。アルキメデスって、「挟みうち」の方法で考えたんですね。円に内接する正六角形の辺の長さは「3」だとわかりましたが、外接の場合は？

ユージ：次の図のように、外接正六角形の周の長さは$2\sqrt{3}$となるので、$\sqrt{3} \fallingdotseq 1.732$から、$2\sqrt{3} \fallingdotseq 3.46$ぐらいかな。

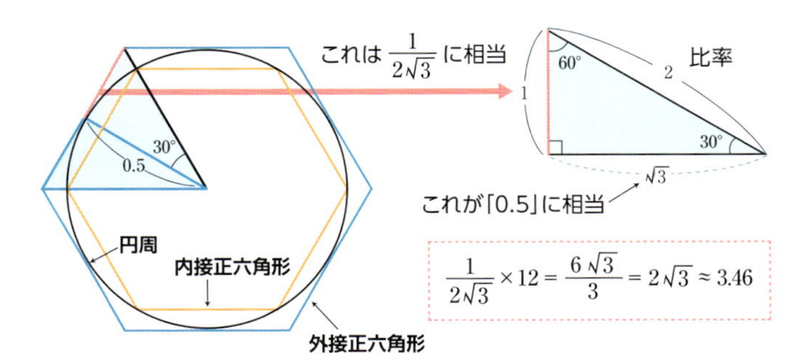

これを正96角形まで進めていって（ほとんど円になる）、円周率πを次の範囲にまで絞り込んだんだ。

3.14084507……$< \pi <$ 3.14285714……

最初の「3.14084507……」は内接する正96角形の長さだね。そして、右側の「3.14285714……」は外接する正96角形の長さだ。

結局、πはこの間にあるはずで、**「3.14」までは共通しているから、円周率＝3.14までは正しい**、といえたんだ。僕らが使っているπ＝3.14は、いまから2200年も前にアルキメデスが証明したことだったんだ。

●重さから「π」を計算する？

もっと大ざっぱな値でよければ、πの出し方にはさまざまな方法があります。その1つが「重さ」から出すというものです。

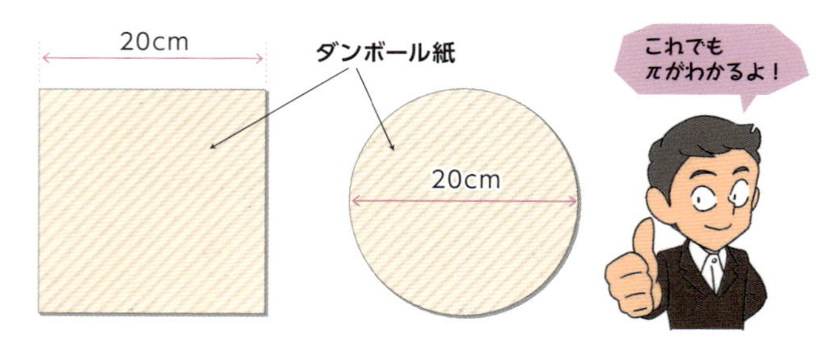

まず、ダンボール紙を買ってきます。そして、タテ・ヨコが20cmの正方形と、もう1つは直径20cmの円の2つをくり抜きます。そして2つの重さをそれぞれ実際に測ってみてください。

筆者がやってみたところ、正方形は21.5g、円は17gでした。正方形と円の面積比は（厚さは同じなので、体積比は不要）、

正方形の面積 $= 20 \times 20 = 400\text{cm}^2$

円の面積 $= 10 \times 10 \times \pi = 100\pi\text{cm}^2$

から、正方形：円＝400：100π＝4：πです。

これが21.5g、17gに対応するので、

$21.5 : 17 = 4 : \pi$

これから、　$\pi = (4 \times 17) \div 21.5 \fallingdotseq 3.16279$

3.16という、おおよその円周率を求めることができました。

● 自転車から「π」を計算する？

自転車があれば、その車輪を利用して円周率πを求めることもできます。

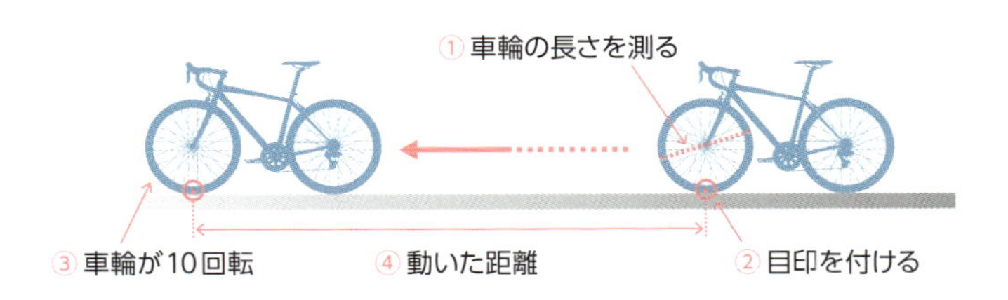

まず、①自転車の車輪の長さ（直径）を測り、次に②スタート地点で接地しているタイヤ部分に目印を付けます。そしてキリのよい回数、たとえば、③10回転ほどさせて自転車を止めます。ここで、④自転車の動いた距離を計測します。

筆者の自転車の場合、①の自転車の車輪の直径は70cmありました。これに目印を付けて5回転させ（10回転のほうが精度がよい）、距離を測ってみたところ、11mというところでした。

車輪の円周は$2\pi r$で、私の自転車の直径は$2r = 0.7$mでしたから、その円周が5回転して11mだったので、

$$0.7\,\text{m} \times \pi \times 5 \fallingdotseq 11\,\text{m} \qquad \text{よって、} \pi \fallingdotseq 3.14285714\cdots\cdots$$

● 循環小数と同じではないゾ！

円周率πは、3.14159265358979……と続きますが、どこかで終わりがあるのかというと、そうではありません。永遠に続きます。「永遠に続く」といえば、他に、$\frac{1}{3}$や$\frac{1}{7}$の場合も、

$$\frac{1}{3} = 0.3333333\cdots\cdots$$

$$\frac{1}{7} = 0.142857142857142857142857\cdots\cdots$$

と続きます。$\frac{1}{3}$の場合は、小数点以下で「3」がずっと繰り返し、$\frac{1}{7}$の場合は「142857」の部分が繰り返していることがわかります。これを「**循環小数**」と呼んでいます。

循環小数の場合には、「どこからどこまでが循環しているか」を示すために、循環する数値の上（最初と最後）に「・」を付けて、「この部分が循環する！」ということを明記します。

$\frac{1}{3}$の場合なら、$0.\dot{3}$とし、$\frac{1}{7}$の場合は「142857」の最初と最後に「・」を付けて、$\frac{1}{7} = 0.\dot{1}4285\dot{7}$と表します。

ところがπは、決して繰り返さないし、分数でも表せない無理数です。このような数のことを「**超越数**」と呼んでいます。超越数はπだけでなく、自然対数で使われる「$e = 2.7182\cdots\cdots$」もあります（eについては68ページ参照）。

なお、πの大文字の「Π」（パイ）は $\Pi = 10 \times 9 \times 8 \times \cdots\cdots \times 2 \times 1$のように使われます。このため、Σ（シグマ）が総和記号だったのに対し、Πは**総乗記号**と呼ばれます。

πの計算はコンピュータの性能テストに

以前から、πの計算はコンピュータの性能・手法のテストに使われてきました。日本では金田康正氏、高橋大介氏などがπの計算競争で活躍。2019年3月14日（円周率の日：3.14から）には、Googleの岩尾エマはるかさんが、スパコンを使って、31兆4159億2653万5897ケタまでπの値を計算しました。このケタ数自体、「π」を表しています。

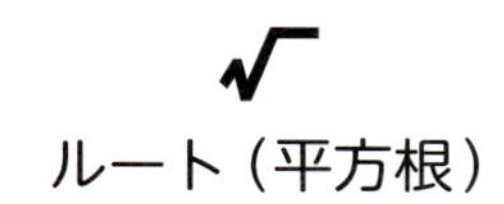

$\sqrt{\ }$ ルート（平方根）

$\sqrt{\ }$はルート（root）と読み、平方根を表す記号です。そして$\sqrt{2}$や$\sqrt{5}$などの**無理数**（irrational number）とは、「分数（整数÷0ではない整数）で表せない数」のことです。

無理数は身近な図形にも顔を出します。左下の図は直角二等辺三角形ですが、斜辺の長さが無理数の$\sqrt{2}$です。また、右の図形は高さが$\sqrt{3}$です。いずれも小学生がもっている三角定規です。

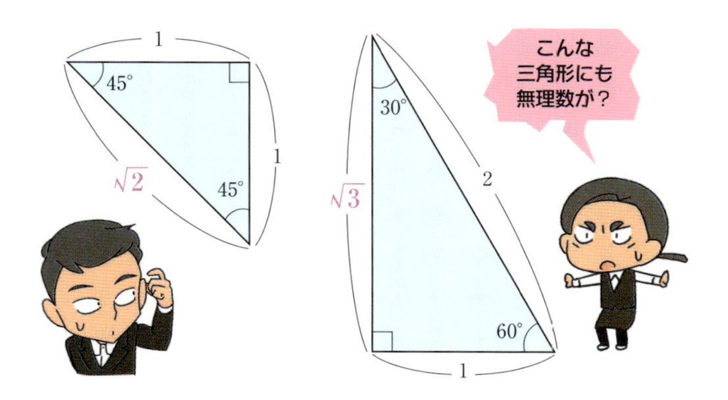

歴史的には、ギリシアのピタゴラス学派が直角二等辺三角形から無理数を見つけていたようです。しかし、歴史的な大発見にもかかわらず、発表するどころか、隠していたとか。それは、ピタゴラスが数の調和や整合性を重視していたためで、調和のない（？）無理数の存在を忌み嫌い、口外しないことにしたとされています。

● $\sqrt{2}$が無理数であることの証明

ところで、「無理数(irrational number)とは、有理数ではない実数のこと」と説明を受けることがありますが、これではサッパリわかりません。「有理数ではない」というのであれば、有理数とは何でしょうか?

有理数とは、整数か分数で表せる数のことです。そうすると、**無理数とは、「分数で表せない数」のこと**になります。もっとわかりやすくいうと、分母・分子ともに整数の比(ratio:分母はゼロではない)で表せない実数のことです。教科書にも出ていることですが、$\sqrt{2}$が無理数(有理数ではない)であることの証明をしてみましょう。まず、

$\sqrt{2}=\dfrac{b}{a}$のように、「無理数を分数の形で表せる」
さらにaとbは互いに素な整数とする($a \neq 0$)

と仮定します。ただし、ホントに分数で表せるなら、$\sqrt{2}$は有理数となりますから、ここでは、

「分数で表せない⇒有理数ではない⇒だったら、無理数」

という論法で、$\sqrt{2}$が無理数であることの証明を試みます。なんだか回りくどい方法ですが、これを**背理法**と呼びます。

ここで、$\sqrt{2}=\dfrac{b}{a}$の両辺を2乗します。すると、$2=\dfrac{b^2}{a^2}$となります。右辺のa^2を移項すると、

$$2a^2=b^2$$

よって、bは偶数だとわかります(左辺が2の倍数だから)。そこで、$b=2m$とすると、

$$2a^2=(2m)^2=4m^2 \qquad よって、a^2=2m^2$$

今度は、aも偶数となり、$a=2n$と表せます。よって、

$$\sqrt{2}=\frac{b}{a}=\frac{2m}{2n}$$

これは、aとbは「互いに素（約分できない数）」という最初の前提条件に反します。よって、「$\sqrt{2}$は分数では表せない」、つまり有理数ではなく、無理数だとわかりました。

● 無理数$\sqrt{2}$は「$\frac{1}{2}$乗」？

$\sqrt{2}$は、2乗すると「2」になる数です。$\sqrt{5}$は、2乗すると「5」になる数です。また、$\sqrt{16}$は

$$\sqrt{16}=\sqrt{4^2}=4$$

なので、4です。

ところで、2乗して「ある数」になるわけですから、無理数$\sqrt{2}$を例にとって考えると、

$$(\sqrt{2})^2=2$$

累乗の形で考えると、

$$(2^x)^2 = 2$$

となります。左辺は「2の何乗か」という式で、右辺は「2」なのですから、左辺は「2の1乗」だと予測できます。つまり、

$$(2^x)^2 = 2^1 \quad \cdots\cdots\cdots\cdots ❶$$

です。ここで、

一般に、$(x^m)^n = x^{m \times n}$

なので、先ほどの❶の累乗の部分を見てみると、

$$x \times 2 = 1 \qquad \therefore x = \frac{1}{2}$$

とわかります。

マユミ：最後に、「わかります」って書いてありますけど、結局、何がわかったんですか？

ユージ：要するに、$\sqrt{x}$の形は、累乗の形に直すと、$x^{\frac{1}{2}}$となるってことさ。同じように考えると、3乗すれば27になる$\sqrt[3]{27}$は$27^{\frac{1}{3}}$ということができる。$\sqrt[2]{x}$は平方根、$\sqrt[3]{x}$は立方根と呼んでいる。

マユミ：ということは、n乗すればxになる無理数は、$\sqrt[n]{x} = x^{\frac{1}{n}}$ということで、$n$乗根と呼ぶということですね。

平方根を手計算？

平方根のおおよその数は、

$\sqrt{2}=1.41421356$ ……（一夜一夜にひとみごろ）
$\sqrt{3}=1.7320508$ ………（人並みにおごれや）

と、語呂合わせとともに知られていますが、手計算もできます。

下の例は$\sqrt{5}=2.2360679$……（富士山ろくオウム鳴く）の途中までを計算しているものです。コンピュータを使わなくても、平方根を算出できることを知っておくと、試験などでも役立つことがあります。覚えておいてソンはありません。

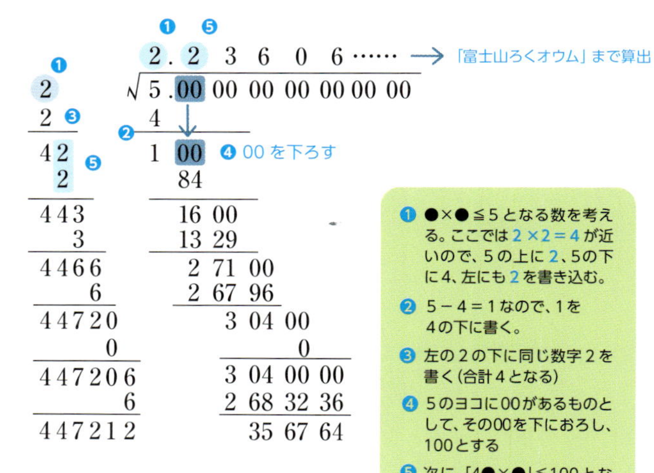

rad
ラジアン（弧度）

垂直は⊥の記号で表し、直角は∟記号で表す……といっても、垂直と直角の違いはどうもあいまいで、混同しやすいものです。

垂直とは、あくまでも2つの直線が直角に交わることをいいます。つまり、2つの直線（または線分）がなければいけないのです。これに対し、**直角とは、3つの頂点でできる90°の角度のこと**をいいます。

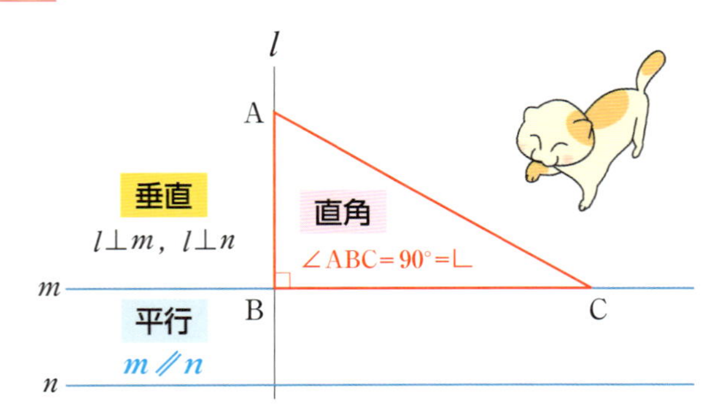

では、**なぜ直角は90°なのでしょうか？**　もし、円を100等分していたら、直角は25°になっていたはずですが、実際には360°の$\frac{1}{4}$の90°が直角となりました。では、なぜ、360°？

一説には、地球の1年がほぼ360日なので、「1日＝1度」で360度とした、というもの。これだと地球人はナットクがいっても、他の惑星から来た宇宙人には通じない話です。

「えっ？　円は宇宙共通の図形だよ。それなのに、地球の公転が360日に近いからって、あんたたちは円の角度を360°にしちゃったの？　実際には365日あることを知ってたんでしょ？それなら、なぜ365°にしなかったの？」
といわれるでしょう。

360という数字のメリットをあげれば、100よりも約数が多いことがいえます。たとえば、10までの約数で比較すると、

- 100の約数……1, 2, 4, 5, 10（5個）
- 360の約数……1, 2, 3, 4, 5, 6, 8, 9, 10（9個）

なんと、360°の場合、1～10のうち、7を除いたすべての数が約数になるのです。これは生活で役立ちます。

ケーキ、ドーナツ、ナン（パンのこと）などの大きな円形の食べ物を3人で分ける、4人で分ける、5人で分ける、8人、9人で分ける……というとき、その多くの場合、360°であれば、兄弟ゲンカをせずに割り切れる数なのです。これは便利です。

円＝360°だと、切り分けやすい

● ラジアンの誕生

マユミ：360°だとたくさんの約数があって、実用的で便利だとわかりました。でも約数の多い数は他にもあるから、地球人に限らず「これでなければ」という、宇宙全体で通じる「円の角度」って、存在しないことになりますね。

ユージ：**宇宙全体で通じる「円の角度の表し方」**？　考えられるんじゃないかな。僕は、それがラジアン（rad）だと思っている。たとえば、半径1の円（単位円という）があって、その中心角が45°のときの円弧の長さaと、中心角が90°のときの円弧の長さbを比べてみるんだ。

角度の大きさから考えるのが「度数法」

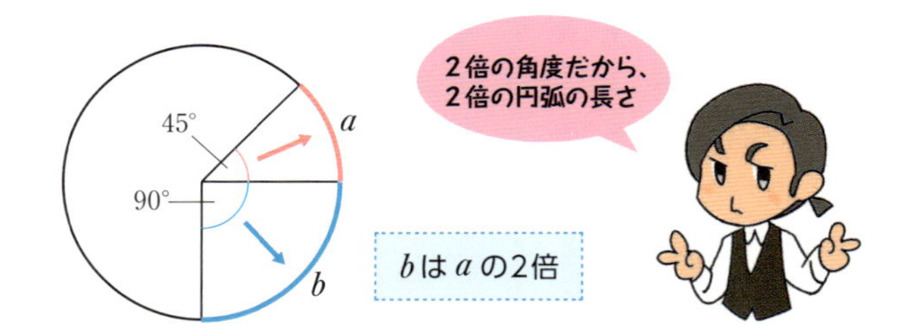

円弧の長さから角度を考えるのが「ラジアン法」

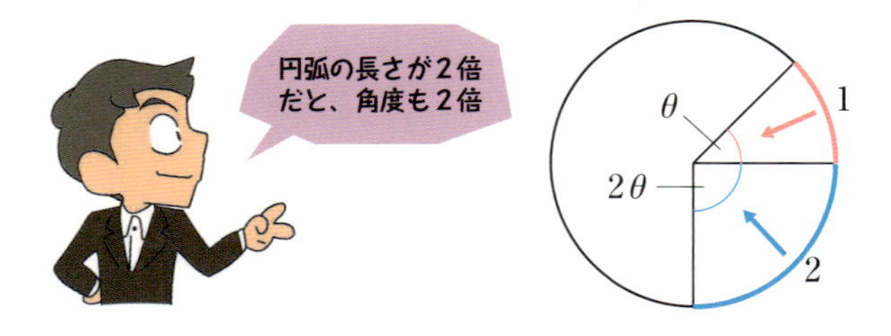

マユミ：それはかんたんです。bはaの２倍の長さですよ。円弧の長さは、中心角の大きさに比例しますから。

ユージ：そうだよね。逆にいうと、**角度の大きさは円弧の長さに比例する**ともいえるでしょ。

そうなんです。そうすると、何かの基準、たとえば「半径」の長さを「1」として、円弧の長さが1のときの角度を「**1ラジアン**」(1rad) とします。このラジアンを**弧度法**と呼び、従来の「°」で表示する方法を**度数法**と呼ぶこともあります。

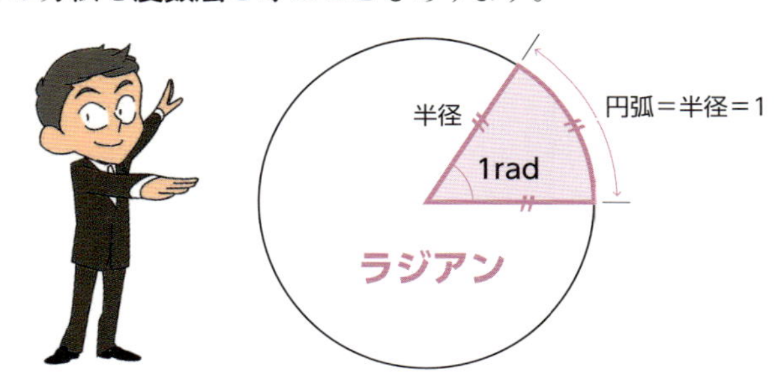

ラジアンと度 (°) とを換算すると、円周は$2\pi r$。もし、半径が1 ($=r$) なら、円周は2πです。このとき弧度法では、角度は2πrad。これが360°と一致しているから、$2\pi \text{rad} = 360°$。よって、$1° = \dfrac{2\pi}{360} = \dfrac{\pi}{180}$ (rad)。

弧度法は微分で役に立つ！

角度なんて「°」で十分、「rad」なんて不要と思われるかもしれませんが、使われている以上は意味があります。通常の図形では「°」でよいのですが、三角関数を微分するとき、次のように、とてもかんたんに表せるのです。

度数法($x°$)での微分　$(\sin x°)' = \dfrac{\pi}{180}\cos x°$

弧度法(xラジアン)での微分　$(\sin x)' = \cos x$

「S, s」はギリシア文字の「Σ, σ」（シグマ）に由来する記号です。Σ記号は簡略化してCに近い形になり、これを三日月形のシグマと呼んでいたようです。

Sに関しては、この形をタテに長く伸ばして∫（積分記号）、あるいはΣやσを使って総和記号（Σ）や標準偏差（σ）として使うなど、数学記号として多用されています。表計算ソフトのExcelでは「Σ」の形をそのままアイコンとして利用しています。

「T, t」はギリシア文字の「Τ, τ」（タウ）に由来し、「Y, y」「V, v」はギリシア文字の「Υ, υ」（ウプシロン）に由来します。なお、「W, w」「Y, y」もこのウプシロンから来ています。

sine, cosine, tangent

sin, cos, tan

サイン／コサイン／タンジェント（三角比、三角関数）

正岡子規（1867〜1902）は英語や数学が苦手だったようで、「明日は三角術の試験だというので、ノートを広げてサイン、アルファ、タン、スィータスィータと読んで居るけれど少しも分らぬ」（「ホトトギス」第二巻 第九号）と述べています。

それにもかかわらず試験前夜に酒を呑みに行き、翌日の試験ではやはり「十四点」しか取れなかった、とのこと。

● 三角比？　三角関数？

正岡子規を苦しめたsin、cos、tanは、高校1年の数学Ⅰまでは「三角比」という名前で紹介されています。

それが数学Ⅱになると、同じsin、cos、tanが「三角関数」という名前に変わります。具体的な三角形をもとにした三角比が、少し抽象的な「関数」と呼ばれるようになると、急にむずかしそうになって嫌いになった人がいるかもしれません。

では、三角比と三角関数の違いは何なのか？　まず、三角比での$\sin\theta$、$\cos\theta$、$\tan\theta$を考えます。

下のように直角三角形ABCがあり、斜辺をbとすると、$\sin\theta$、$\cos\theta$、$\tan\theta$はそれぞれ次のように決められています（定義）。

$$\sin\theta = \frac{\text{対辺}}{\text{斜辺}} = \frac{a}{b},\quad \cos\theta = \frac{\text{隣辺}}{\text{斜辺}} = \frac{c}{b},\quad \tan\theta = \frac{\text{対辺}}{\text{隣辺}} = \frac{a}{c}$$

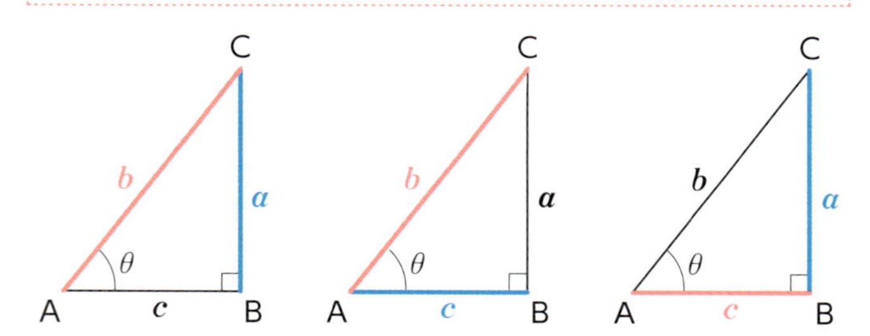

マユミ：へぇ〜、**直角三角形を前提に、$\sin\theta$とか、$\cos\theta$と決めてあったんですね。それで三角比**というんですか。

ユージ：その三角比を関数としたのが三角関数なんだよ。

マユミ：わざわざ「関数」と呼ぶ理由は後で聞くとして、sin、cos、tanを別々に覚えるのは、メチャめんどう。正岡子規が試験前夜にお酒を呑みに行った気持ち、わかります。

ユージ：3つを別々に覚えようとするから嫌になるんだ。sinだけ覚えておけば、後は類推できるから。まず、**$\sin\theta$と$\cos\theta$の値は「1以下」になる**、ってことわかる？

マユミ：sinもcosも「斜辺に対する比」ですよね。斜辺はいちばん長い辺だから、比は「1より小さい」ということですね。

ユージ：$\sin\theta \leqq 1$とか、$\cos\theta \leqq 1$と表記するのは、そのためだね。最大で「1」。sinとcosは似ているから、$\sin\theta$だけ覚えておく。まず、$\sin\theta$も$\cos\theta$も分母は「斜辺」で共通。$\sin\theta$が分子に「対辺」を使うなら、$\cos\theta$に残っているのは「隣辺」しかない……、でしょ。

そして $\tan\theta$ は意味から類推する。$\tan\theta$ は「θ の坂の傾き」だから「対辺/隣辺」になるでしょ。

$$\tan\theta = \frac{対辺}{隣辺} = \frac{a}{c} = \frac{\frac{a}{b}}{\frac{c}{b}} = \frac{\sin\theta}{\cos\theta}$$

夏目漱石や寺田寅彦も「三角術」は嫌いだった？

正岡子規だけでなく、有名な物理学者・寺田寅彦も、熊本高校に入学（明治29年）してすぐの三角術の試験では「中学校の三角のような、公式へはめればすぐできる種類のものではなくて「吟味」といったような少しねつい種類の問題であったので……きれいに失敗」してしまったとのこと。あの寺田寅彦でさえ、苦い思い出があるようです。

夏目漱石は『吾輩は猫である』の中で、「金を作るにも三角術を使わなくちゃいけないと云うのさ――義理をかく、人情をかく、恥をかく是で三角になる」と。「かく」が３つあるので「三角」という洒落ですが、明治～令和に至るまで、三角術を苦手とする人は多そうです。

● 三角比を使ったほうがわかることが広がる！

次の絵は、江戸時代の算術書『塵劫記（じんこうき）』の中の１枚です。ここで左端の男は何をしているかというと、鼻紙を三角に折り、その斜辺を目から木のてっぺんに合わせています。こうして、

木の高さ＝木までの距離（a）＋目までの高さ（b）

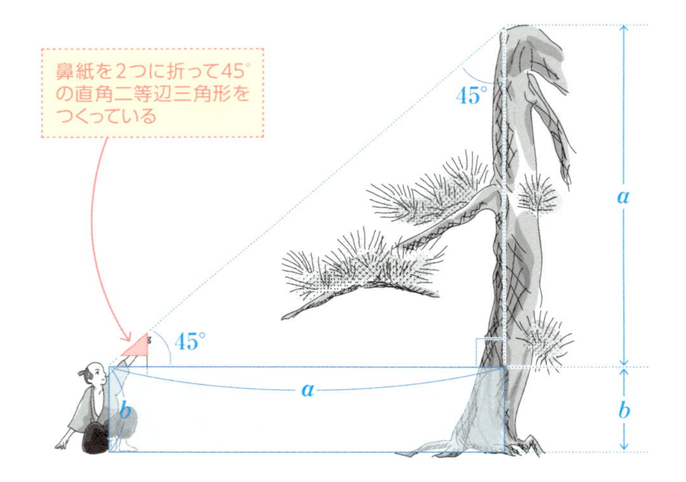

として測ったわけです。

大きな三角形と小さな三角形（鼻紙）を利用した**相似（∽）**のアイデアです。この場合は45°という特殊な直角三角形だったため、うまくいきました。

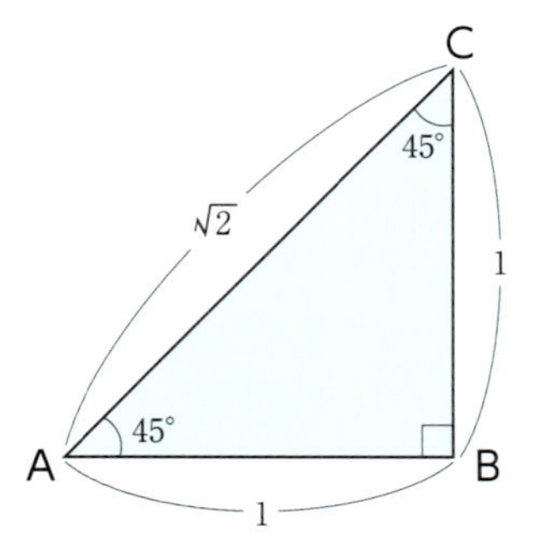

でも、下図のような場合はどうでしょうか。隣辺は山の直下までの距離なので測れません。地図上で10kmと計測したとしても、45°のような都合のよい角度になるとは限りません。

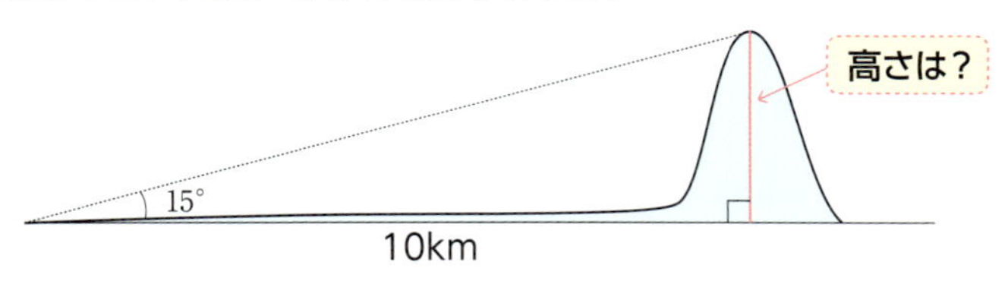

しかし、前図のように15°という角度と、地図で計測した10kmがわかっていれば、山の高さは下の三角比の表を利用して、

$\tan 15^\circ =$ 山の高さ $\div 10\ \mathrm{km} = 0.26795$

よって、山の高さ＝0.26795×10km＝2679mとわかります。

	A	B	C	D	E
1	角度（度）	度（ラジアン）	sinの値	cosの値	tanの値
2	10	0.17453	0.17365	0.98481	0.17633
3	11	0.19199	0.19081	0.98163	0.19438
4	12	0.20944	0.20791	0.97815	0.21256
5	13	0.22689	0.22495	0.97437	0.23087
6	14	0.24435	0.24192	0.97030	0.24933
7	15	0.26180	0.25882	0.96593	0.26795
8	16	0.27925	0.27564	0.96126	0.28675

マユミ：この三角比の表はどこからもってきたんですか？

ユージ：Excelでつくってしまえばいいよ。Excelは角度として度数（°）ではなくラジアンを使用するので、一度、「度→ラジアン」に変換し、そこからtanを求めたんだ。

$\sin\theta$の2乗は$\sin^2\theta$？　$\sin\theta^2$？　$(\sin\theta)^2$？

関数の場合、ふつうは$f(\theta)$のようにθを（　）で囲んで記述します。ところがsinやcosでは少々煩わしいので（　）を略すのが一般的です。

また、$\sin\theta$を2乗（累乗、べき乗）したい場合、これもふつうであれば$(\sin\theta)^2$と書きますが、（　）でsinを囲むのはめんどうです。そこで、$\sin\theta^2$と書くと、今度は「角度θの2乗」に勘違いされる可能性もあります。そこで、sin、cos、tanの場合は、$\sin^2\theta$のように「sinとθの間に^2」を記載します。簡便さと間違いやすさを避けた記述法です。

● なぜ、三角比から「三角関数」に拡張されたのか？

三角比と三角関数の記号（sin, cos, tan）は同じなのに、三角比を三角関数と呼び替えるのはなぜなのか、気になります。

三角比は具体的なθの値に対して、$\sin\theta$、$\cos\theta$、$\tan\theta$などを決め、図形に応用します。いわば、辺の比です。

一方、三角関数は角度θを変化させていったとき、θの値によって$\sin\theta$、$\cos\theta$、$\tan\theta$がどんな値を取るかということ（θと$\sin\theta$との対応など）をグラフにしたものです。

下の図は$\sin\theta$の例です。左端の単位円を見ると、点Pが円周上をA、B、C……L、A（1周した）のように動くとき、その角度θは、

$$0^\circ \to 30^\circ \to 60^\circ \to \cdots\cdots\ 330^\circ \to 360^\circ$$

のように動きます。そのときの$\sin\theta$の値は$\sin\theta=$（対辺÷斜辺）ですが、斜辺は1（単位円で半径1のため）です。このため、$\sin\theta=$（対辺÷1）＝対辺となり、**対辺は点Pのy座標の値**です。よって、$\sin\theta=y$。

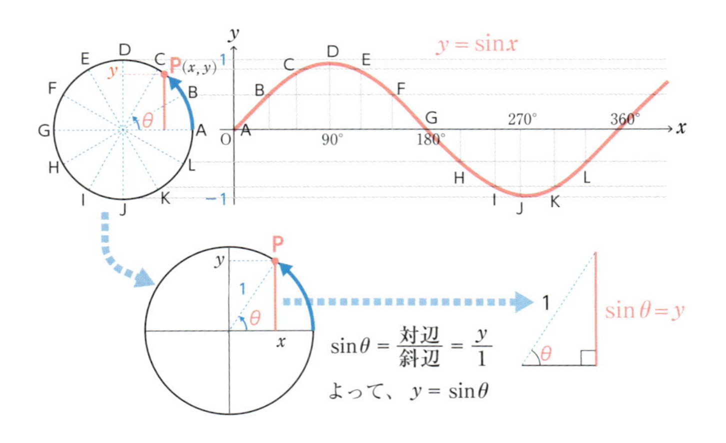

0°～180°を見ると、$\sin\theta$は、

A　B　C　D　E　F　G

$$0 \Rightarrow \frac{1}{2} \Rightarrow \frac{\sqrt{3}}{2} \Rightarrow 1 \Rightarrow \frac{\sqrt{3}}{2} \Rightarrow \frac{1}{2} \Rightarrow 0$$

と変化し、常に「プラスの値」ですが、180°～360°を見ると、単位円の下を通るため、$\sin\theta$の値は、

G　H　I　J　K　L　A

$$0 \Rightarrow -\frac{1}{2} \Rightarrow -\frac{\sqrt{3}}{2} \Rightarrow -1 \Rightarrow -\frac{\sqrt{3}}{2} \Rightarrow -\frac{1}{2} \Rightarrow 0$$

と「マイナスの値」を取ります。360°の回転を終えると、その後は繰り返し運動です。もし750°の回転をした場合、

$$\sin 750^\circ = \sin(750-360\times 2)^\circ = \sin 30^\circ = \frac{1}{2}$$

です。このように、三角比の世界を拡張したのが三角関数です。

右図に$\cos\theta$の例を示しておきます。

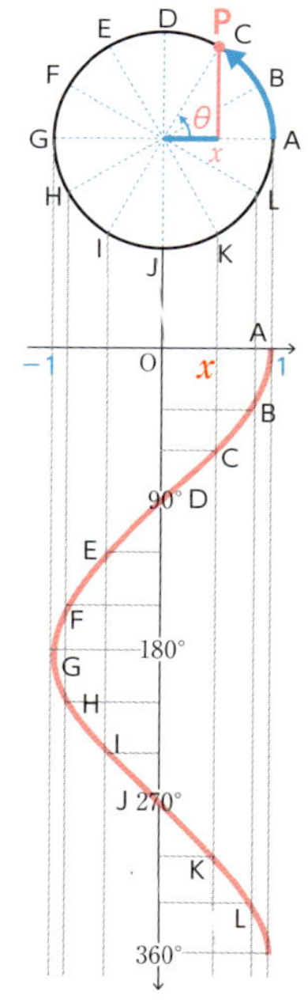

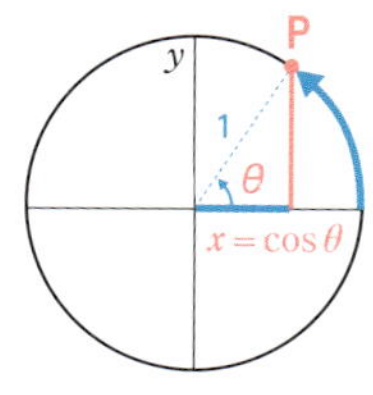

$$\cos\theta = \frac{\text{隣辺}}{\text{斜辺}} = \frac{x}{1} = x$$

よって、$x = \cos\theta$

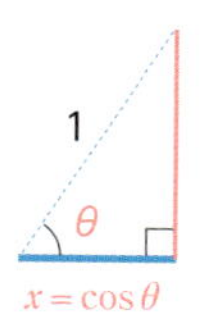

Σ シグマ（総和）

「s」はsum（すべての和＝総和）の略として使われることがあります。Excelで「ここからここまで」と指定するとき、たとえば「セルa_1〜セルa_6までの和を求める」なら、sumという関数を使って「＝sum（a_1：a_6）」とします。

数学でこのような「総和」の意味として使うときには、Σ（シグマ）が使われます。Σはギリシア文字の「S」の大文字に相当する文字です（小文字はσ＝シグマ）。たとえば、

$$1+2+3+4+5+6+7+8+9+10$$

を計算したいとき、全部書くのはめんどうです。1〜10ぐらいならまだしも、それが100まで、あるいは1000までとなると、全部の数を書くのはむずかしくなります。もちろん、

$$1+2+3+\cdots\cdots+999+1000$$

と「……」で省略する手もあります。いわゆる「中略」です。これをもっとスマートにしたのが、Σ（シグマ）を使った次の形です（例は1〜10の加算例）。

$$\sum_{k=1}^{10} k = 1+2+3+4+5+6+7+8+9+10$$

小学校で算数嫌いになるきっかけは「分数の割り算」といわれますが、高校で数学嫌いになる1つの理由は、実は「Σ」ではないか、と感じています。とっつきにくい記号ですから。

Σはいかつい記号ですが、「すべて足してくれ！」という意味にすぎません。どのように足していくかというと、Σの右隣が式で、ここでは「k」の1文字ですね。kがわかりにくければ、よく使うxと思ってもらってもかまいません。

$$\sum_{x=1}^{10} x$$

❶ Σの上下を見る── Σ記号の下に「$k=1$」とあり、上に「10」と書いてあります。これは「kに1を入れ、次にkに2、次にkに3……、最後にkに10を入れてくれ」ということです。

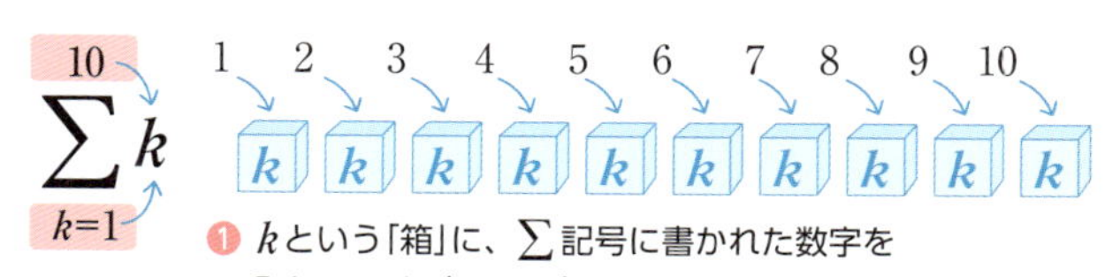

❷ Σとは？── Σとは「総和」の意味の記号でしたから、「❶に入れた数をみんな足してくれ」ということです。

$$\sum_{k=1}^{10} k$$

❷ ∑は「すべて足す」という意味

$1+2+3+4+5+6+7+8+9+10$

ですから、

$$1+2+3+\cdots\cdots+10=55$$

もし、1〜1000を足したい場合は、

$$\sum_{k=1}^{1000} k$$

と書けば、万国共通の意味をもたせることができます。

sigma

σ, σ^2

シグマ（標準偏差）／シグマ2乗（分散）

118ページで少し触れましたが、σ（シグマ）記号は、統計学では「**標準偏差**」の意味をもちます。それを2乗したσ^2が「**分散**」です。標準偏差、分散とは何なのか、なぜ必要なのか、どう違うのかを考えてみましょう。

データをたくさん集めると、そのデータはさまざまな分布を描きます。その中でも、身長は「**正規分布**」と呼ばれる有名な分布曲線を描くとされています。正規分布とは下の図のような分布のことです。身長の例でいうと、多くの人のデータを集めたとき、真ん中付近のデータがいちばん多くなり（平均値：たとえば170cm）、それより身長が高くなる（あるいは少し低くなる）につれて人数が減っていく形です。正規分布はバランスのとれた山型のカーブを描き、統計学ではよく使われます。

この正規分布の形を決めるのが「σ」、つまり標準偏差です。

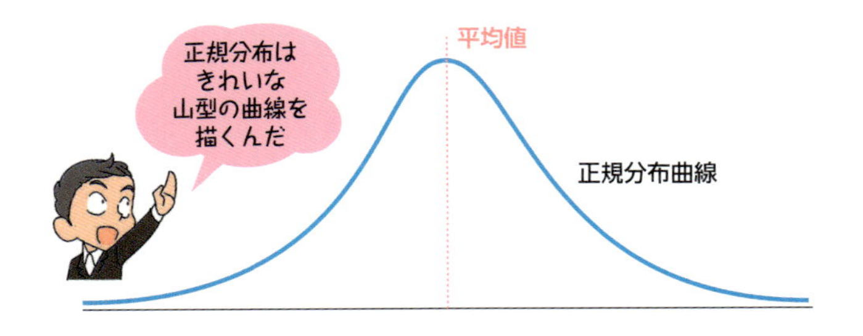

マユミ：データの性質を見るなら「平均値」で十分じゃないでしょうか？　データ全体を代表している値ですから。

ユージ：そうかなぁ？　たとえば、次の3つのテストの結果はどれも平均が50点。だけど、分布を見るとバラバラでしょ。これを見ても、**平均値だけでは、データ全体の分布状態はわからない**んだ。

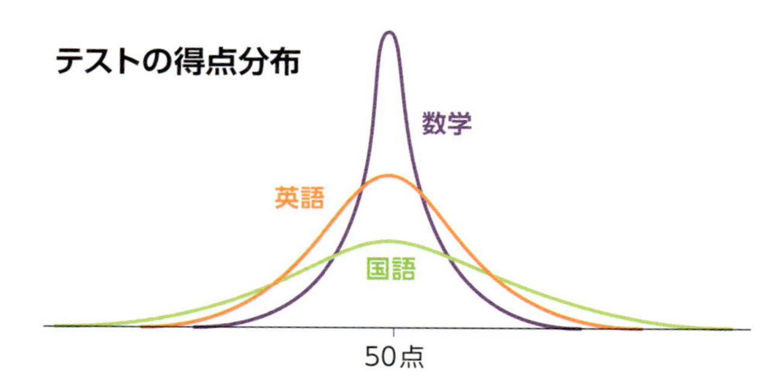

マユミ：ホントですね。得点のバラツキ具合を調べる方法が欲しいですね。

ユージ：その通りだね。平均値と〝バラツキ度の指数〟が必要ということだね。

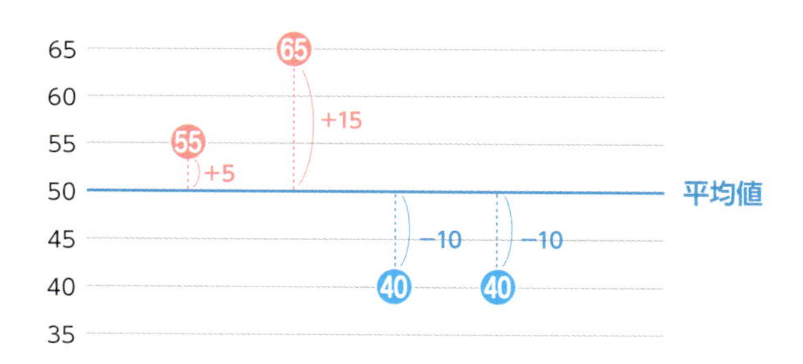

上のグラフだと、平均値は50。バラツキはどうすればわかるだろうか？

マユミ：それなら、平均値より「上」の部分、「下」の部分をそれぞれ加えてデータ数で割れば、バラツキ具合が数字で表せるんじゃないでしょうか？　上の部分は全部で＋20、下の部分は－20。あれ？　20＋（－20）＝0で、0になってしまいましたね。

ユージ：うん、（各データ－平均値）から「バラツキ度」がわかりそうに思えるけれど、平均値って、そもそも全体のデータの凹凸から算出したものだから、平均値との差を全部合算したら0になる、ってのは当然だね。

マユミ：困りましたね。どうすればいいんでしょうか？　他に、距離の大小がわかる方法ってないかしら？

ユージ：「距離の大小」を知りたいんだから、平均値と各データとの差を「2乗」すれば、必ずプラスになって、総和が相殺されることはないよ。

マユミ：じゃあ、私がやってみますね。各データから平均値を引いて、データ数で割ればいいわけですよね。

$$\frac{(\text{データ❶}-\text{平均値})^2+(\text{データ❷}-\text{平均値})^2+\cdots+(\text{データ}\,n\,-\text{平均値})^2}{n}$$

となり、このテストの場合、次のように計算できます。

$$\frac{(55-50)^2+(65-50)^2+(40-50)^2+(40-50)^2}{4}=112.5$$

ユージ：「バラツキ度」を計算できたね。これが「分散」だけど、平均値との差がそれぞれ「5、15、10、10」と10程度なのに、バラツキ度が112.5って、ちょっと大きすぎないかなぁ。それと、これが身長の話だったら、2乗しているから112.5cm^2ということで、**「身長が面積に変わった」ということ。単位が違ってる**。

マユミ：そうですね。じゃあ、2乗してるんだから、それの平方根をとったら元に戻るんじゃないですか？　$\sqrt{112.5}=10.6$ だから、10.6ですね。単位も同じ！　いいですね。

ユージ：それが「標準偏差」だよ。正規分布のグラフの上で、平均値と標準偏差の関係を見ると、面白いことがわかるよ。

平均値から標準偏差（プラスの方向、マイナスの方向）の幅には、全データの約68%が入ることがわかっています。しかも、標準偏差の大きさが違えば、当然、正規分布の形も違ってきますが、データの約68%がその範囲内に入ってくることは変わらないのです。それだけではありません。さらに、

「平均値から±2倍の標準偏差の範囲」には約95%

「平均値から±3倍の標準偏差の範囲」には約99.7%

のデータが入ってきます。統計学ではこの性質（とくに約95%）を利用して各種の判断をしています。

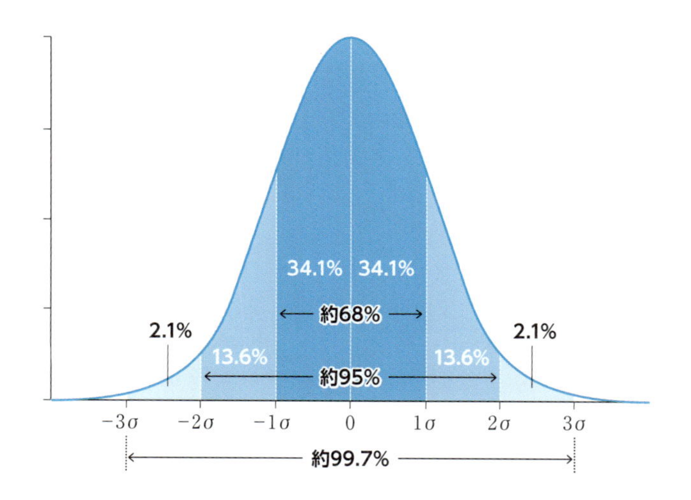

Column

分散記号は σ^2, s^2, u^2？

前ページで、分散（あるいは標準偏差）のあらましを述べましたが、実は、**分散には3種類ある**のです。

たとえば、日本の高校3年生の男子全員の身長を「全数調査」したとき、その平均値を「**母平均**」（μ）、そのときの分散を「**母分散**」と呼び、σ^2で表します。

けれども、通常は**サンプル調査**をします。そのサンプルでの平均値を「**標本平均**」、サンプルでの分散のことを「**標本分散**」と呼び、標本分散は記号s^2で表します。

しかし、本当に知りたいのはサンプルの情報ではなく、母集団の情報（母平均、母分散）です。そこで、サンプルの標本平均や標本分散から、母集団の母平均、母分散を推測することになります。このとき標本分散は、サンプルがn（人）であれば「n人」で割った値であり、実際（母集団の分散）よりも少しだけ小さくなることが知られています。そこで、サンプル数（n人）で割るのではなく、$(n-1)$で割って分散を求める方法を**不偏分散**（ふへん）といい、記号u^2で表します。統計学で母集団の母分散を推定するときは、この不偏分散が一般に使われます。

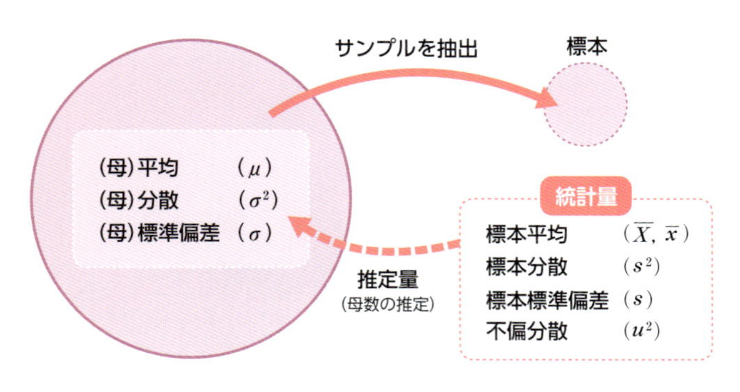

vektor, vector

$\overrightarrow{a}$, $\overrightarrow{\mathrm{AB}}$, $\boldsymbol{a}$, $\mathbf{AB}$

ベクトルエイ（ベクトル）

「−2, 0, 3」のような数は、いずれも「大きさ」のみをもっています。これを「**スカラー**（スカラー量）」（scalar）と呼びます。スカラーはふつうの量（数）のことです。

これに対し、**「大きさ」と「方向」をあわせもった量**のことを「**ベクトル**」（vector）と呼びます。ベクトルはスカラーと区別するため、一般に次のような方法で表記します（どちらでもよい）。

矢印で表記 …… $\overrightarrow{a}$, $\overrightarrow{b}$, $\overrightarrow{\mathrm{AB}}$

太字で表記 …… $\boldsymbol{a}$, $\boldsymbol{b}$, $\mathbf{AB}$

黒板などに太字で書くのはめんどうなので、矢印ベクトルで書くケースが多くなります。ベクトルの語源は「運ぶ」とか「旅」といった意味をもつラテン語のvehere（ベーレ）で、その後、ドイツ語のvektor（ベクトル）や英語のvector（ベクター）に転化していったようです。

ベクトルは「方向」（向き）という特別な意味合いをもっているためか、日常用語としても、「プロジェクトの進むべきベクトルが決まらない」とか、「チームのベクトルが一致してうまく運んだ」のように使われます。

ベクトルはなかなか面白い性質をもっています。次ページの図を見てください。3つのベクトルの置かれている位置はバラバラですが、ベクトルとしてはすべて同じ（大きさ・向き）です。

つまり、$\overrightarrow{AB} = \overrightarrow{CD} = \overrightarrow{EF}$ です。

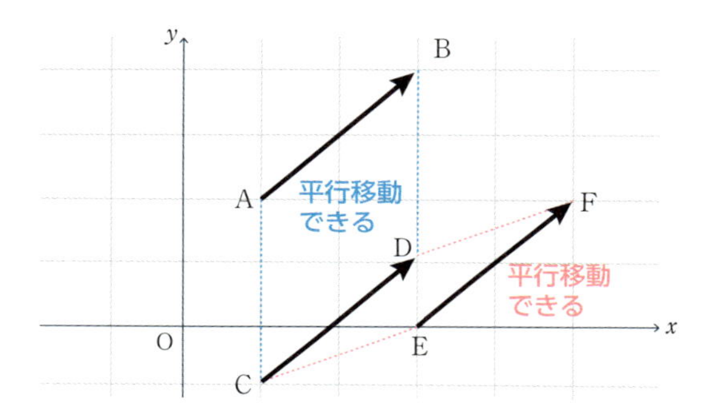

結局、**ベクトルは「その位置を問題にしない」**ので、平行移動してそれらが重なるなら、それらのベクトルは同じものです。

ベクトルの足し算は、川の流れの方向(と大きさ)、ボートが漕いでいく方向(と大きさ)で、最終的にボートの進む方向を決めるときに有効です。下の場合は、川岸にまっすぐに進もうとするものの($\vec{a}$)、川の流れ($\vec{b}$)によって船は少し流される($\vec{c}$)ことを意味しています。ベクトルで書くと、

$$\vec{a} + \vec{b} = \vec{c}$$

となり、これがベクトルの和の計算です。

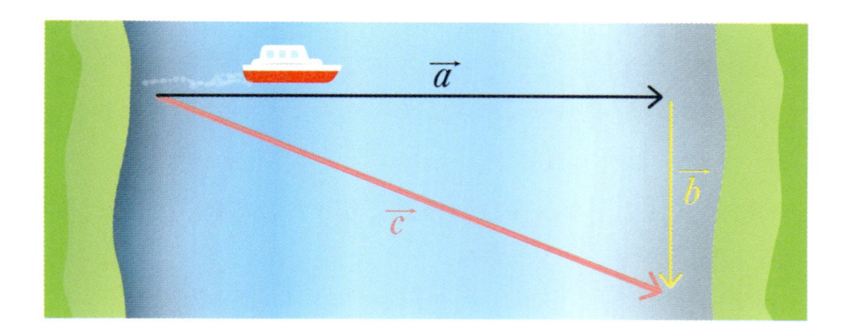

scalar product

$\overrightarrow{a}\cdot\overrightarrow{b}$
ベクトルエイとベクトルビーの内積（内積）

ベクトルの記号といえば、「・」を使って示される

$\overrightarrow{a}\cdot\overrightarrow{b}$

があります。これが「ベクトルの内積」の記号です。通常の数（スカラー）同士の掛け算であれば、

$a\times b \quad a\cdot b \quad ab$ ……（同じ意味）

はいずれの表記でも、「掛け算」としての同じ意味をもちます。けれども、ベクトルの内積に関しては違います。つまり、

$\overrightarrow{a}\cdot\overrightarrow{b}$ …… ○

はベクトルの内積としての記号ですが、この「・」をスカラー（大きさしかもたない数）の計算のように、「×」に変えてみたり、あるいは「省略」することは許されていません。

$\overrightarrow{a}\,\overrightarrow{b}$ ……（表記として認められない！）
$\overrightarrow{a}\times\overrightarrow{b}$ …… 空間ベクトルでは別の意味がある（外積という）

ベクトルの内積とは、2つのベクトルの「大きさ（絶対値）」と、そのなす角θ（$\cos\theta$）の掛け算のことです。「大きさ」だけなので、その結果はベクトルではなく、スカラーになります。

ベクトルの内積　$\overrightarrow{a}\cdot\overrightarrow{b}=|\overrightarrow{a}||\overrightarrow{b}|\cos\theta$ ………… ❶

これを図で見てみましょう。いま、角θは、$\vec{a}$, $\vec{b}$の始点を原点に置いた（始点を一致させた）ときにできる角度です。

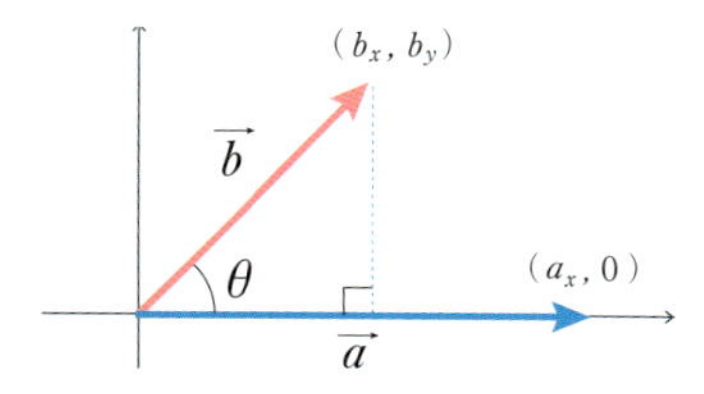

ここで、❶式の後ろにある$|\vec{b}|\cos\theta$というのは、$\vec{b}$のx成分であるb_xにあたりますから、$|\vec{b}|\cos\theta = b_x$です。

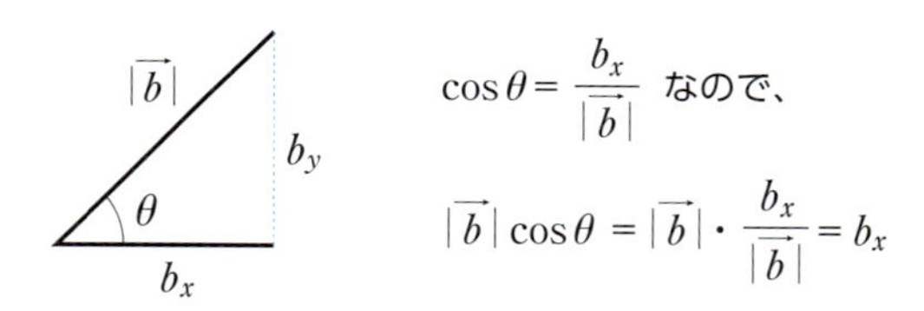

$\cos\theta = \dfrac{b_x}{|\vec{b}|}$ なので、

$$|\vec{b}|\cos\theta = |\vec{b}| \cdot \frac{b_x}{|\vec{b}|} = b_x$$

つまり、$|\vec{b}|\cos\theta$は、「$\vec{b}$の長さ（絶対値なので）を**x軸に投影したもの**」と考えることができます。

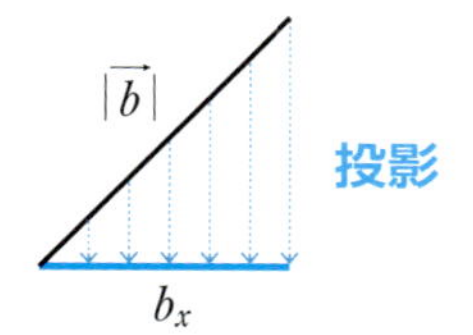

ベクトルの内積は、$\vec{a} = (a_1, a_2)$、$\vec{b} = (b_1, b_2)$と成分表示したとき、

$$\vec{a} \cdot \vec{b} = a_1 b_1 + a_2 b_2 \quad \cdots\cdots\cdots❷$$

と示すこともできます。よって、❶式と❷式から、

$$\cos\theta = \frac{\vec{a}\cdot\vec{b}}{|\vec{a}||\vec{b}|} = \frac{a_1b_1 + a_2b_2}{\sqrt{a_1^2+a_2^2}\sqrt{b_1^2+b_2^2}} \quad \cdots\cdots\cdots\text{③}$$

たとえば、$\vec{a} = (3, 3)$、$\vec{b} = (0, 3)$ のとき、③式から、

$$\cos\theta = \frac{3\times0+3\times3}{\sqrt{3^2+3^2}\sqrt{0^2+3^2}} = \frac{9}{\sqrt{162}} = \frac{9}{\sqrt{81\times2}} = \frac{9}{9\sqrt{2}} = \frac{1}{\sqrt{2}} \quad \cdots\cdots\cdots\text{④}$$

このことから $\theta = 45°$ とわかり、2つのベクトル $\vec{a}$、$\vec{b}$ のなす角は45°である、とわかります。つまり、2つのベクトルの成分さえわかれば、どのような角度の関係であるかがわかるのです。

2

どんなとき使われる?　ベクトルの内積

大きな石を F の方向に引くと、石の移動方向に働く力は $F\cos\theta$ で、石が距離 d だけ動いたとすると、W（仕事）は、

$$W = \vec{F}\cdot\vec{d} = |\vec{F}||\vec{d}|\cos\theta$$

この仕事 W こそ、「ベクトルの内積」が表すものなのです。

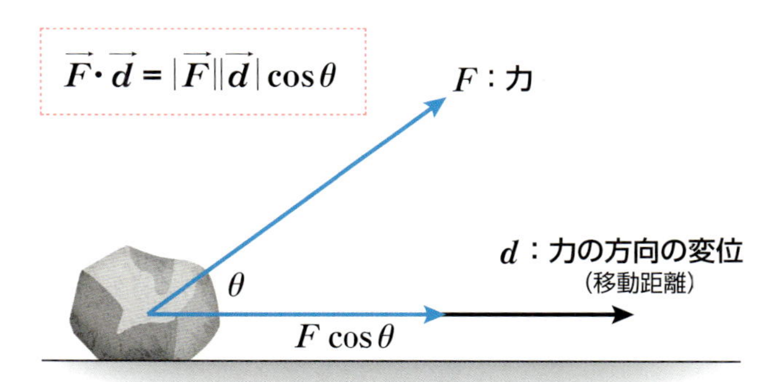

第3部

番外編 3

まだある！
数学記号たち

equal to, not equal to

=, ≠

イコール（等号）／ノットイコール（等号否定）

「＝」記号は、＝でつないだ両辺が「等しい」ことを意味します。

イギリス（ウェールズ地方）の数学者ロバート・レコード（1512〜1558）が1557年に『知恵の砥石』（The Whetstone of Witte）の中で最初に使ったとされます。

Howbeit, for easie alteratiō of *equations*. I will pro=
pounde a fewe exāples, bicause the extraction of their
rootes, maie the more aptly bee wroughte. And to a=
uoide the tediouse repetition of these woordes : is e=
qualle to : I will sette as I doe often in woorke use, a
paire of paralleles, or Gemowe lines of one lengthe,
thus: ═══════, bicause noe. 2. thynges, can be moare
equalle. And now marke these nombers.

「2 plus 3 is equal to 5」のように書くのがめんどうで、「平行線ほど等しいものはない」ということから、当初は上の文章中のように、長い「 ═══ 」を使っていたようです。

上記の『知恵の砥石』の中で、「方程式をかんたんに表現するために、平行線═══を『等しい』という意味で使うことを提案する」とし、以下の式を書いています。これは「＝」記号（現在よりも長いイコール記号）を使って最初に書かれた式とされます。

```
14.ꝛ.—+—.15.ϑ======71.ϑ.
```

イギリスのレコードの「＝」記号に対し、フランスのルネ・デカルトは「∞」という記号を使いました。

> AB ∞ 1, c'eſt-à-dire AB égal à 1.
> GH ∞ *a*.
> BD ∞ *b*, etc.

この意味は、「AB＝1、すなわちABは1に等しい。GH＝a、BD＝bなど」ということです。しかし、この記号は、いかにデカルトでも、レコードの「＝」にはかなわず、多くの人に使われることはありませんでした。

代数だけでなく、幾何の分野でも、長さや面積、体積が等しい場合は、「AB＝BC」のように「＝」記号を使います。

ただし、2つの図形がまったく同じことを示す場合には「＝」ではなく、△ABC≡△CDAのように「≡」（合同）を使用します。

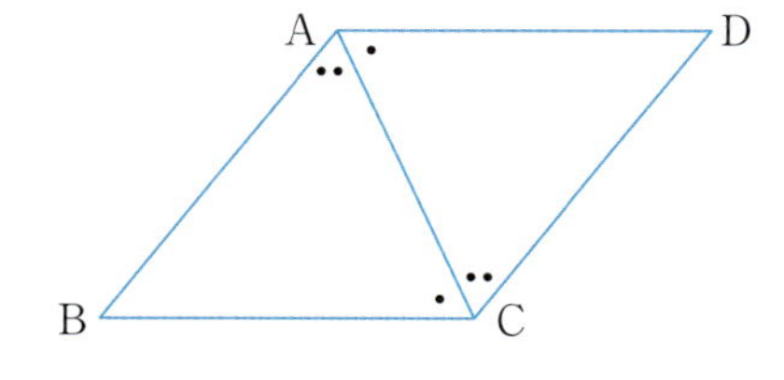

AC＝CA
AD∥BCより
∠CAB＝∠ACD
∠ACB＝∠CAD
よって、
△ABC≡△CDA

● 等号否定 ≠

「≠」は一般に「ノットイコール」と読み、両辺が等しくないことを意味します。「等号否定」「否定等号」ということもあります。なお、「不等号」というと、＜や＞のことになります。

$a \neq b$，$x \neq 3$

また、分母などが0になるのを避けるため、次のように使うこともあります。

$$\frac{5}{x-3}\ (\text{ただし、} x \neq 3)$$

Excelで「≠」を表すには、キーボードから「＜＞」と入力します。下の例は、A列の値が3であればB列に「A＝3」と表示し、もし3でなければB列に「A≠3」と表示するというもので、このとき「＜＞」が「≠」に対応しています。

B2　fx　=IF(A2<>3,"A ≠ 3","A=3")

	A	B	C	D
1	2	A ≠ 3		
2	3	A=3		

コレ

イコールを間違って使うと?

文章を書くときに、便宜的に、「＝」が使われることがあります。「現在、中国＝社会主義だが……」という文章は、「中国、つまり社会主義」の意味で使っています。この表記は大丈夫なんでしょうか？

「＝」記号は、$a=b$のとき、$b=a$と書けます。また、$a=b$で、かつ$b=c$ならば、$a=c$です。

ですから、「北朝鮮＝社会主義」が出てくると、「中国＝北朝鮮」という意味になりかねません。そう解釈する人はいないとは思いますが、「＝」を安易に使うのはご用心。

また、プログラミング言語で「$a=5$」のように表記したときは、「変数aに5を代入する（＝の右側の5を左の変数aに入れる）」という意味で使うケースが多くなります。

approximately equal to

≒, ≐, 〜, ≈, ≅
ニアリイコール（ほぼ等しい）

中学校で「酸性、アルカリ性」という言葉を習いました。それが高校生になると、アルカリ性という言葉の代わりに「塩基性」という言葉が登場し、化学が急にむずかしく感じたものです。

実は、アルカリは少しあいまいな概念で、塩基性とはまったくのイコールではありません。ですから、**「塩基」≒「アルカリ」**くらいに考えて大丈夫……と、今、なにげなく「≒」という記号を使いました。これは「ほぼ等しい」の意味をもつ近似値の記号で、ニアリイコールと読みます。

バビロニア人たちは、$\sqrt{2}$の近似値である1.414213という数を知っていたという話がありますが（187ページ参照）、このような近似値については、$\sqrt{2} \fallingdotseq 1.414213$と表記します。

ところで、数学記号の歴史にくわしい片野善一郎氏は、バビロニア人は次のような無理数の近似値計算の方法を知っていた、と述べています（『数学用語と記号ものがたり』）。

バビロニア人の無理数の近似値計算……$\sqrt{a^2+b} \fallingdotseq a+\dfrac{b}{2a}$

（bがa^2に比べてきわめて小さいときに上式は成り立つ）

「≒」の記号は、「左辺と右辺とは、ほぼ等しい」の意味です。上の近似値計算を、$\sqrt{5}$、$\sqrt{10}$で確認してみましょう。どのくらいの近似値になるでしょうか。

$$\sqrt{5} = \sqrt{2^2+1} \fallingdotseq 2 + \frac{1}{2 \cdot 2} = 2.25 \left(\sqrt{5} \fallingdotseq 2.2360679\right)$$

$$\sqrt{10} = \sqrt{3^2+1} \fallingdotseq 3 + \frac{1}{2 \cdot 3} = 3.1667 \left(\sqrt{10} \fallingdotseq 3.1622\right)$$

ところで、「≒」記号は日本では当たり前のように使われていますが、海外では「≈」や「≃」、あるいは「〜」や「≐」が多く使われます。数学ソフトのMathTypeにも「≒」はありません。「〜」を同値、「≅」を同型、「≈」を同相と呼ぶこともあります。

また、「≒」と「≅」や「≈」の使い分けはとくに明瞭なものではありません。どちらかというと、「≒」は数値的に近いケースで使われ、「≅」(同型)や「≈」(同相)は「概念的に近い」イメージで使われます。たとえば、トポロジー(位相幾何学)では、

- ドーナツ(穴が1つ)とマグカップとは同じ
- サーターアンダギー(穴なしドーナツ)とピラミッドとは同じ

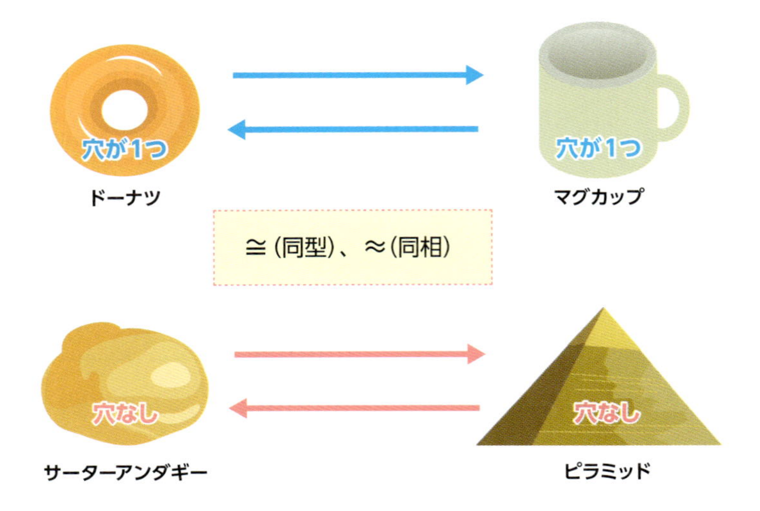

というニュアンスです。

ただ、「≈」や「≃」の使い分けは厳密に定まっているわけではありません。

近似値の最後にもう1つだけ、覚えておくと便利な例を出しておきましょう（バビロニア人に負けないように）。

【例】 $h \fallingdotseq 0$（表記は $h \approx 0$ でもよい）のとき、次のような近似値計算ができます。

$$\sqrt{a+h} \fallingdotseq \sqrt{a} + \frac{h}{2\sqrt{a}} \quad (h \fallingdotseq 0)$$

たとえば、$a=1$、$h=0.004$ のとき、その近似値は、

$$\sqrt{1.004} = \sqrt{1+0.004} \fallingdotseq \sqrt{1} + \frac{0.004}{2\sqrt{1}} = 1.002$$

ルート計算であれば、電卓のほうが手軽です。たとえば、iPhoneの電卓機能（標準装備）を使えば、まず電卓アプリを横倒しにすると「関数電卓」となります。ここで1.004と入力して、$\sqrt[2]{x}$ を押すと、$\sqrt{1.004} \approx 1.001998$（以下略）と求められます。

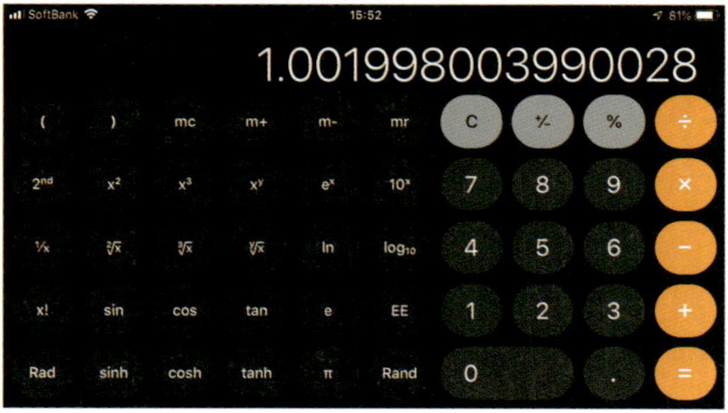

plus or minus

±, ∓
プラスマイナス（複号）

● 算数から数学へ、少しエラくなった？

小学校では「算数」といい、中学校に上がると「数学」と名前が変わります。と同時に、足し算、引き算の読み方も変わります。小学校では「5＋2」は「5たす2」と呼び、「5－2」は「5引く2」と呼んでいたのが、中学生になると、「5プラス2」「5マイナス2」と呼ぶようになります。なんだか、少し自分がエラくなったような、あるいはちょっと高度な学問に浸っているような、不思議な感覚を覚えたものです。

「＋」記号は15世紀に「〜と〜」を意味するラテン語のet（&の意味）から＋記号に変わっていったとされます。「－」記号はminusの「m」が起源だといわれています。

ラテン語のet
(and=&の意味)
minusのm

● 新たな記号「±」と「∓」の登場

さて、小学校、中学校での「＋」や「－」記号とは別に、高校になると、「＋」と「－」を1つにした新しい記号「±」、あるいは「∓」を見かけるようになります。これはいずれも「複号」と呼ばれる記号です。「±」はプラスマイナスと読み、「∓」はマイナスプラスと読みます。

よく、「複合同順、複合道順、復号同順」などと書き間違いやすいのですが、正しくは「複号同順」です。「複号」とは「複数の記号（＋と－）を合わせたもの」という意味です。

三択クイズ
① 複合同順
② 復号同順
③ 複号同順

たとえば、

$$(a+b)^2=a^2+2ab+b^2$$
$$(a-b)^2=a^2-2ab+b^2$$

とあれば、左辺が＋（1行目）、－（2行目）の違いで、右辺の符号も一部で違ってきます。そこで、上のように2行にわたって書かないといけなくなります。これはめんどうです。

よく見ると、違いは$2ab$の前の符号部分だけじゃないですか。そうであれば、次のように書いてもよいのではないか……と。

$$(a\pm b)^2=a^2\pm 2ab+b^2$$

つまり、左辺で「下の符号（－）」になるときは右辺も「下の符号（－）」を使う、というルールです。

同様に、三角関数の基本定理では次のような公式があります。

$$\sin(\alpha+\beta)=\sin\alpha\cos\beta+\cos\alpha\sin\beta$$
$$\sin(\alpha-\beta)=\sin\alpha\cos\beta-\cos\alpha\sin\beta$$

これも、次のように複号同順の記号「±」で1行にまとめることができます。

$$\sin(\alpha \pm \beta) = \sin\alpha\cos\beta \pm \cos\alpha\sin\beta \qquad \textbf{(複号同順)}$$

便利ですよね。1行で済みました。

ところで、同じ三角関数の基本定理でも、cosの場合は少し符号が違ってきます。

$$\cos(\alpha + \beta) = \cos\alpha\cos\beta - \sin\alpha\sin\beta$$
$$\cos(\alpha - \beta) = \cos\alpha\cos\beta + \sin\alpha\sin\beta$$

今度は「左辺が＋のときは右辺が－」、そして「左辺が－のときは右辺は＋」の部分があります。左辺、右辺で逆になっていて困った……こんな場合は、左辺に「±」記号を、そして右辺では「∓」記号を使います。

$$\cos(\alpha \pm \beta) = \cos\alpha\cos\beta \mp \sin\alpha\sin\beta \qquad \textbf{(複号同順)}$$

この「±」と「∓」の記号を同時に使うときは、左辺で＋のときは右辺では－、左辺で－のときは右辺で＋となる、という意味です。この「∓」も複号の記号です。

＋、－の世界も、意外なほど奥深いものですね。

arc AB, chord AB

$\overset{\frown}{AB}$, $\overline{AB}$

弧AB、弦AB

右下の円で、弓の弦（つる）に似ている部分を「弦（げん）」といい、記号$\overline{AB}$で表します。その弦に対応するカーブの部分を「弧（こ）」といい、記号$\overset{\frown}{AB}$で表します。

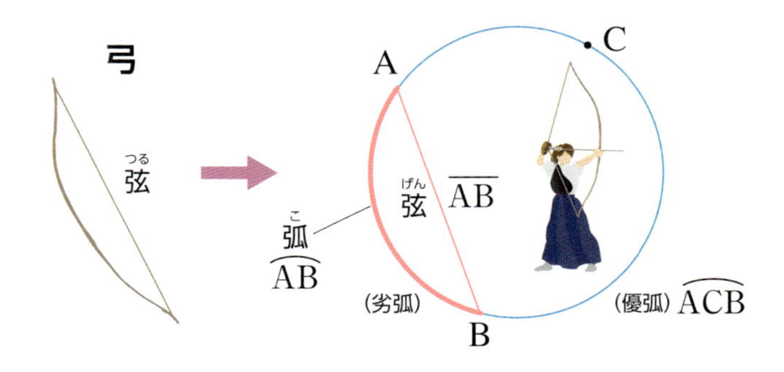

中学生のとき、「$\overset{\frown}{AB}$は赤い部分以外にも、もう1つあるけど、どこにあるか、わかるかなぁ？」といわれたことがありませんか。そこで気づくのは、$\overset{\frown}{AB}$と考えていた短い弧とは反対側の「大きな弧」です。このように大きい弧を優弧（弧ACBと書くこともある）、小さい弧を劣弧と呼ぶことがあります。私たちが通常、「弧」と呼ぶのは、小さいほうの劣弧です（劣弧と呼ぶ必要はない）。

また、記号$\overline{AB}$は「弦AB」に限らず、「線分AB」の意味でも使います。AとBは位置を表すので、イタリック体ではなく、立体（ローマン体）で表記します。

Column

上弦の月、下弦の月

古来、半月は「弓張月(ゆみはりづき)」とも呼ばれ、江戸時代には曲亭馬琴・作、葛飾北斎・画による読本『椿説弓張月(ちんせつゆみはりづき)』などの題名にも使われています。これは半月の直線部分を「弦(げん)」と見立て、弓を張ってまさに射んとする様子にも見えるからです。このため半月は別名、弓張月、弦月(げんげつ)とも呼ばれます。そして、その半月の状態によって、**上弦(じょうげん)の月**、**下弦(かげん)の月**があります。

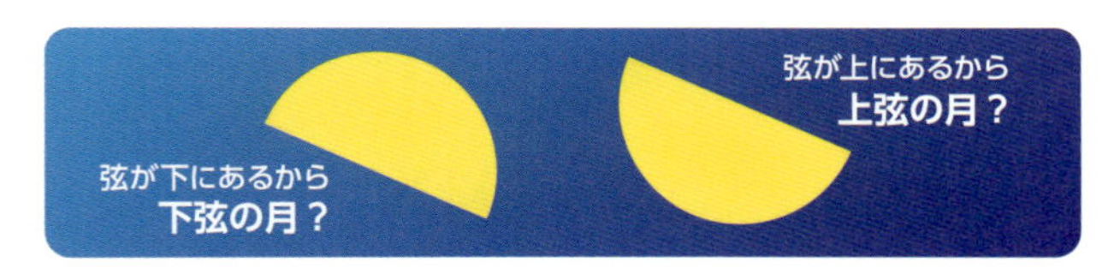

といっても、半月は常に上図のように見えれば判断もかんたんですが、実は、東の空から出て西の空へ沈むまでの間、下図のように弦の方向を変えてしまいます。このため、形を見ただけでは上弦の月なのか、下弦の月なのかの判断がむずかしい面があります。

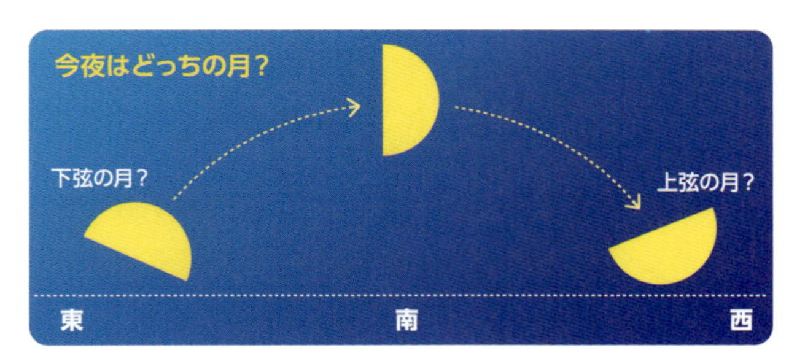

上図の場合は「上弦の月」にあたります。見方としては、
(1) 月の右側が見えている(次図の新月～半月の状態)
(2) 月が西に沈む頃の様子が「上弦」になっている
の2つで判断できます。それはなぜでしょうか。

次の図は、月の満ち欠けが生じる理由を表す図です。

地球から見ると 三日月
地球から見ると 上弦
地球から見ると 満月
太陽光
地球
地球から見ると 新月
地球から見ると 下弦

「上弦の月」とは新月から満月に向かう月（上図の上側にある半月）のことと定められていますので、地球から見ると、月の右側が明るく輝いています。前ページの下図も右側が明るい月になっています。上弦の形がよく見えるのは、地平線から上がってきた昼ではなく、地平線に向かう夜なのです。

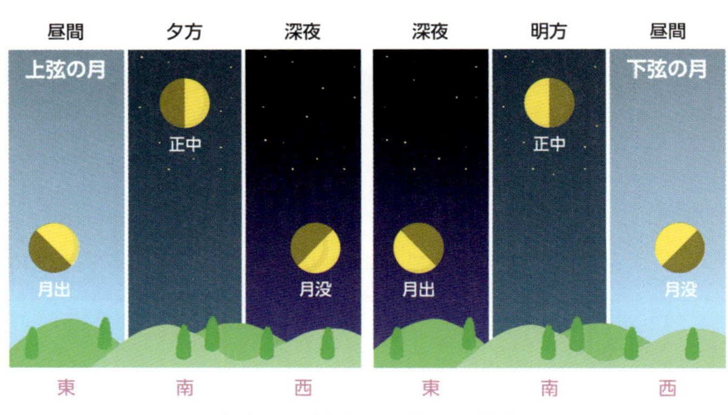

上弦の月（左）、下弦の月（右）

period, comma

「.」と「,」
ピリオド（小数点）／カンマ（コンマ）

日本では、整数部分と小数部分を分ける記号として、小数点「.」（ピリオド）が使われています。そして、千を超える数値については3ケタごとにカンマを付けて、「10,000,000円」のように表示する習わしです。これは日本、イギリス、アメリカ、アジア、南西アフリカなどで使われている方式です（イギリス式）。

しかし、「小数点にはピリオドを使う」というのは世界共通のこととなっているわけではありません。フランス、ドイツ、スペインなどのEU諸国、南アメリカ、北アフリカなどでは、整数部分と小数部分とを分けるのはカンマ「,」が多く、これはフランス式と呼ばれます。

イギリス式　1,000,000.152
フランス式　1.000.000,152

この違いは、EUの空港などで両替するときに気づくことが多いものです。

なお、日本でも**「コンマ1秒の差」**といった言い方をすることがあります。この場合の「コンマ1秒」とは0.1秒のことを指しており、コンマ＝小数点として使われています。まさしくフランス式の使用法です。これは明治時代にフランス式の表記が入ってきたときの名残とされています。

factorial

!
かいじょう（階乗、1〜nまでの積）

マユミ：何ですか、この「！」という記号は？　そもそも何と読むんでしょうか？

ユージ：107ページでも少し触れたけれど、「階乗（かいじょう）」（factorial）と読むんだ。よく、「ビックリマーク」とか「エクスクラメーションマーク」（exclamation mark）と呼ばれているけど、数学では「階乗」と読んでいる。

マユミ：どんな意味があるんですか？　△なら三角形、⊥なら垂直という意味がありましたけど、「！」って？

ユージ：まぁ、「ビックリする（！）ほど大きな数になる」ということかな。

ビックリするほど大きな数になる「!」

「階乗」の計算方法はかんたんです。「階段状に1つずつ小さい数を掛けていく」というもの。「階段状に乗する（掛け算をする）」と考えれば、「階乗」という言葉にもナットクがいくのでは？

さっそく練習してみましょう。

$$4! = 4 \times 3 \times 2 \times 1 = 24$$
$$5! = 5 \times 4 \times 3 \times 2 \times 1 = 120$$
$$7! = 7 \times 6 \times 5 \times 4 \times 3 \times 2 \times 1 = 5040$$

のように計算します。何かの階乗、つまり$n!$であれば、

$$n! = n \times (n-1) \times (n-2) \times (n-3) \times \cdots\cdots \times 3 \times 2 \times 1$$

となるわけです。

● ユーゴーの世界一短い手紙の「！」とは？

マユミ：では、1の階乗は、1！＝1、0の階乗は0！＝0ですか？

ユージ：「1！＝1」だけど、0！は0ではなく、「0！＝1」となるんだ。理由は、「そのほうが都合がいい」から。たとえば、$(n+1)! = (n+1) \times \underline{n \times (n-1) \times (n-2) \times \cdots\cdots \times 1}$ となるでしょ。ここで、アンダーラインを引いた部分は$n!$だよね。だから、

$$(n+1)! = (n+1) \times n!$$

といえるでしょ。ここでn＝0のとき、

$$左辺 = (0+1)! = 1! = 1$$
$$右辺 = (0+1)! \times 0! = 1 \times 0! = 0!$$

だから、1＝0！となる、というわけ。ということで、

「$0! = 1$」

としておくんだ。

マユミ：じゃぁ、「1!」も「0!」も、いずれも「1」と覚えておきますね。

ユージ：昔、フランスの文豪ビクトル・ユーゴー（1802〜1885）が『レ・ミゼラブル（ああ、無情）』を出版したとき、その売れ行きがとても心配で、担当編集者に送った手紙が「？」という1文字だった。

マユミ：何ですか、その「？」って？　暗号めいた手紙ですね。その編集者、さぞかし困ったでしょうね。

ユージ：そうでもないさ。編集者もすぐに気がついて返信をしたそうだよ。ユーゴーの「？」に対する編集者の返信が、なんと「！」だったんだ。これは有名な話だから、雑学としても知っておくといいよ。

マユミ：ますますわかりませんけど。どういうことですか？　「？」に対して「！」ですか？

ユージ：最初のユーゴーの手紙は「どう？　売れてる？」という意味。そして編集者の返信は、「飛ぶように売れてますよ！」という意味だったんだ。これは「世界一短い往復書簡」として、よく知られているエピソードだよ。

？――（ボクの書いた本、売れてるかなぁ？）
！――（大丈夫、飛ぶように売れてますよ！）

parentheses, braces, brackets

( ), { }, [ ]
カッコ(外と内との区切り)

カッコ( )には大きく3種類あります。( )、{ }、[ ]の3種類で、一般に、次のように読みます。

(小カッコ)、{中カッコ}、[大カッコ]

これは計算順にも影響し、( )、{ }、[ ]の順に計算する、とされています(カッコを外していく)。

[●+{(●-●)-(●+●)}+{(●-●)+(●-●)}]

今、「されて……」と、計算順について多少、あいまいな言い方をしました。というのは、JIS(日本工業規格)では、名前も順も異なる取り決めをしていて、まず読み方を、

(丸カッコ) [角カッコ] {波カッコ}

とし、カッコを開くのも、この順としています。海外では、この順で開いていくほうが多いようです。

ただ、カッコの対応を注意して見ていれば計算順はわかるので、それほど気にする必要はありません。

カッコや累乗、加減乗除が混在しているときの「計算順」は次の通りです。

(1) カッコがあれば、最初にその中を先に計算する

(2) 指数(累乗)があれば、それを計算する

(3) 掛け算、割り算があれば、それを計算する

(4) 最後に、足し算、引き算を計算する

まず(1)にあるように、すべての計算の中で「カッコの中を

計算する」ことが最優先されます。もし、「足し算・引き算より掛け算・割り算を先にする」とだけ覚えていると、

$$7-2\times(5-3)=7-\underline{2\times5}-3=7-10-3=-6$$

としてしまうかもしれません。正しくはカッコの中を先に計算し、

$$7-2\times(5-3)=7-\underline{2\times2=7-4=3\ \text{(正解)}}$$

カッコは「一連の計算をまとめる」ときに便利な記号です。たとえば、「最初に1万円の現金があり、昨日に2000円の出費、そして3200円の入金があった。さらに今日、1000円と3000円の出費、入金が800円あったとすると、現在、いくらの現金があるか？」というとき、そのまま、

$$10000-2000+3200-1000-3000+800=8000$$

と書いてもかまいませんが、間違えやすい計算になります。

計算手順を間違えるとたいへん！

そこで、出金、入金をひとまとめにすると、

出金＝2000＋1000＋3000（円）
入金＝3200＋800（円）

です。これを出金・入金ごとにそれぞれ（　）でまとめてやると、

$$10000+(3200+800)-(2000+1000+3000)$$
$$=10000+4000-6000=8000\text{（円）}$$

このことからも、カッコを使って同類のものをうまくまとめると、計算プロセスがスッキリするというメリットがあります。

ところで、カッコが1つであればいいのですが、カッコの中にカッコ、さらにもう1つカッコが入ってくる、入れ子構造のケースもあります。

この場合、いちばん内側にある小カッコ（　）を最初に計算し、次に中カッコ｛　｝を計算、そして最後に大カッコ［　］の中を計算することになります（日本で教わる順番）。

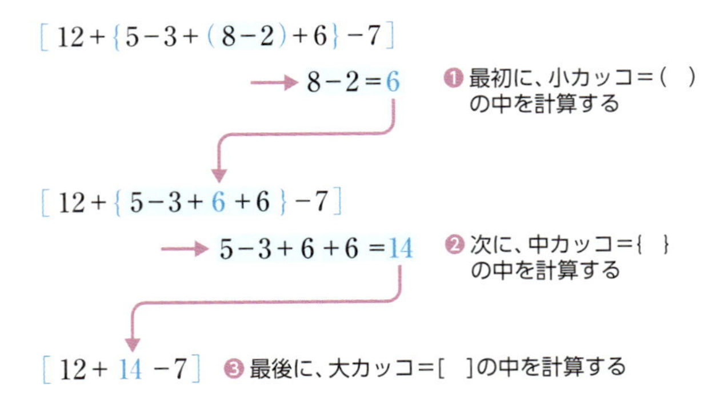

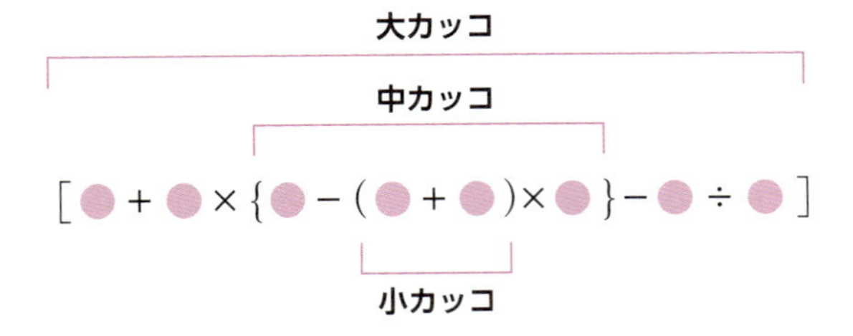

ただし、すでに述べたように、海外では、{　}と[　]の計算順が逆になることもあります。

●(　)は開区間、[　]は閉区間、{　}は集合

カッコは、計算順を示す以外にも、(　)は開区間、[　]は閉区間の記号として用いられます。開区間、閉区間とは下図のようなものです。

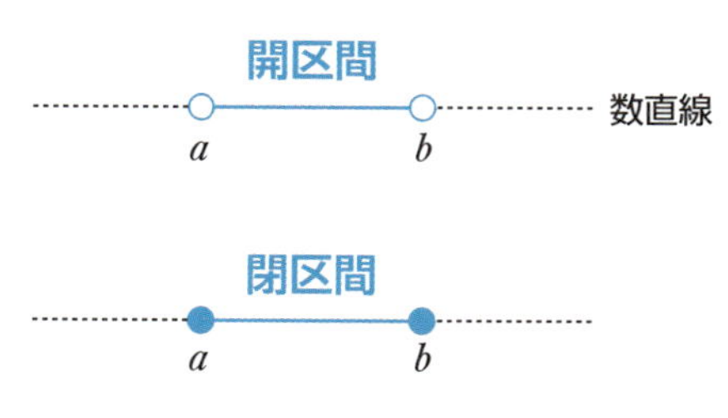

開区間 (a, b) と、閉区間 $[a, b]$ の違い

開区間 (a, b) という記号で表す場合、端点の a, b は「含まない」ことになります。別の表記をすれば、$a<x<b$ ということです。

これに対し、閉区間 $[a, b]$ という記号で表した場合は、端点の a, b を含むことになるため、$a \leqq x \leqq b$ となります。

さらに、「a は含まないが、b は含む」ケースでは、$(a, b]$ と表記します。$a<x \leqq b$ です。逆に、「a を含み、b は含まない」ケースでは $[a, b)$ とします。$a \leqq x<b$ です。

中カッコの{　}は、すでに $\{a_n\}$ という数列の表記(47ページ参照)にもあったように、「集合」の分野で頻繁に使われます。

記号、とくにカッコのようなありふれた記号は、いろいろな場面で異なる使い方をされるので、要注意です。

gauss symbol

$[x]$, $\lfloor x \rfloor$, $\lceil x \rceil$
ガウスエックス（ガウス記号）

料金体系の中には、「一定以上（重さなど）になると、一定金額（定額）になる」というものが多数あります。たとえば、とある宅配サービスの料金をグラフ化したところ、次のようになりました。

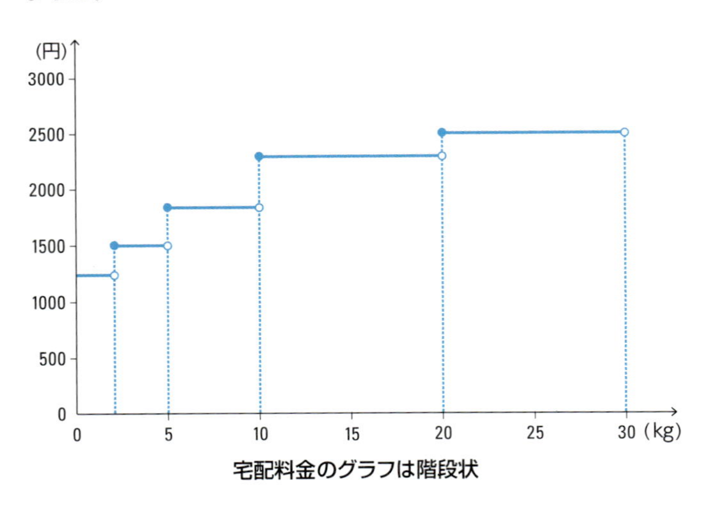

宅配料金のグラフは階段状

まったくの従量制であれば、重量に比例して料金が上がっていくはずですが（斜めの直線状に）、このグラフでは「階段状」にカタカタと上がっています。それは「何g〜何gまでは何円」という形になっているからです。

このようなな考え方を表すものにガウス記号［　］があります。

この記号は、**たとえば、$y=[x]$ のとき、y は x の整数部分を表します**。つまり x の小数点より下の値を切り捨て、整数部分だけを残します。そこで、$x=0.8$ なら $y=0$ となり、$x=1.5$ なら $y=1$ です。また、マイナスのほうは、$x=-2.5$ であれば $y=-2$ ではなく、-3 となります。

また、$y=[2x]$ のとき、そのグラフは右下のようになります。グラフで●は「以上」、○は「未満」ということです。

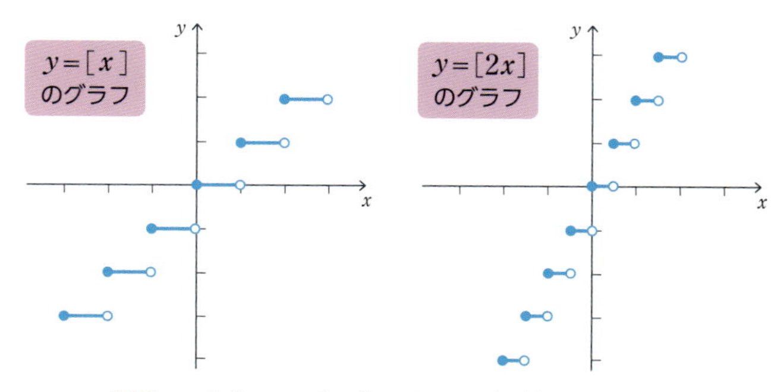

記号 $y=[x]$、$y=[2x]$ のとき、どの位置を取るか?

さて、$y=[x]$ で表す実数は、「**x 以下の最大の整数**」なので、これを床関数と呼ぶことがあります。記号は $[x]$ 以外に、下が閉じて上が空いている $\lfloor x \rfloor$ を使うこともあります。

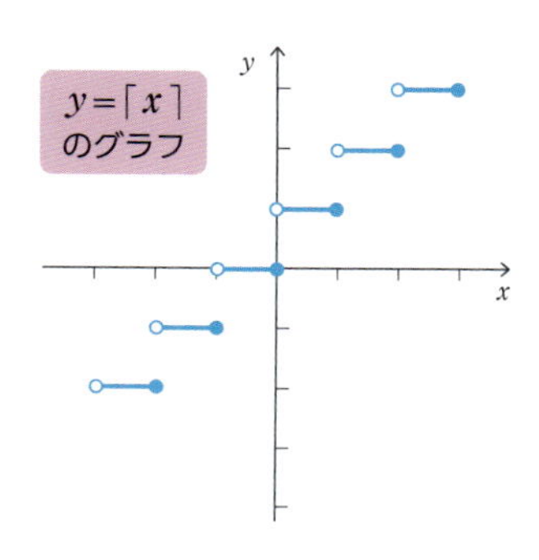

この床関数とは逆に、天井関数と呼ばれる関数もあります。こちらは上が閉じて下が空いている記号 $\lceil x \rceil$ を使います。「**x 以上の最小の整数**」のことで、$y=\lceil x \rceil$ で $x=3.2$ であれば「3.2以上の整数」、つまり $y=4$ となるわけです。

床関数はどんなときに使える?

次の式は、紙（コピー用紙など）のA判の長さを表したものですが、ここに床関数$\lfloor x \rfloor$が使われています。

$$\text{A判の長辺の長さ} = \left\lfloor \frac{1000}{2^{\frac{2n-1}{4}}} + 0.2 \right\rfloor \text{mm}$$

（A3判の場合は$n=3$、A5判なら$n=5$を入れる）

マユミ：床関数$\lfloor x \rfloor$のxの位置に入っている式がかなり複雑ですね。Excelに数式を入れたとして、その後はどうすれば？

ユージ：まずnのところに数値を入れる。たとえば、A3用紙の長辺を知りたければ、このnに3を入れると、420.6482076と計算され、床関数なので端数は切り捨て。よって、A3の長辺は420mmとわかるわけさ。

マユミ：短辺はどうですか？

ユージ：A3の短辺を知りたければ、$n=3+1$とする。つまり、「A4の長辺＝A3の短辺」だから、それで算出されるんだ。

	C	D
	A3（長辺,n=3）	420.6482076
	A3（短辺,n=4）	297.5017788

proportional to

∝
ひれい（比例記号）

「∝」は、両辺が比例（proportionality）関係にあることを示す記号です。「比例、比例する」と読みます。∝の代わりに「〜」という記号で表すこともあります。

「$a \propto b$」……（読み方）a比例するb、aはbに比例する

「∝」の形は、aequales（ラテン語）のaeを略した形からきているとされます。これはequal、つまり「等しい（イコール）」につながっていく言葉です。

では、反比例を表す記号はないのでしょうか？　残念ながら、反比例をストレートに表現する特別な記号はありません。ただ、その場合でも∝を使えば、

$$a \propto \frac{1}{b},\ a \propto b^{-1}$$

とすることで、「反比例」を表すことができます。

「＝」のところでも書きましたが、デカルトは等号については「＝」記号を使わず、「∞」という独特の記号を使いました。これはこの項で説明した「∝」によく似ていますが、穴の空いている方向が左右で逆です。

記号はわかりやすく、かんたんな形でまとめようとしますので、どうしても似た形状のものが出てくるようです。

duodecimal system, etc.

11(12), 34(60), ……
(進法)

「1101」── こんな数字が書かれているとき、それがスーパーでの支払いであれば1101円でしょう。1101円、つまり10進法と呼ばれるものです。

けれども、これがプログラミングの場合であれば、どうでしょうか。「おそらく、2進法の1101だろう」と推測できます。2進法での「1101」は、10進法にすると「13」に相当します。

私たちは10進法に慣れ親しんだ生活をしています。10進法というのは、1〜9が1ケタで、「10」になると、新しい「ひとまとまり」になることです。9円の次は「十(拾)」という新しいまとまりに変わります。99円の次は「百」にアップします。位取りが1つ変わります。

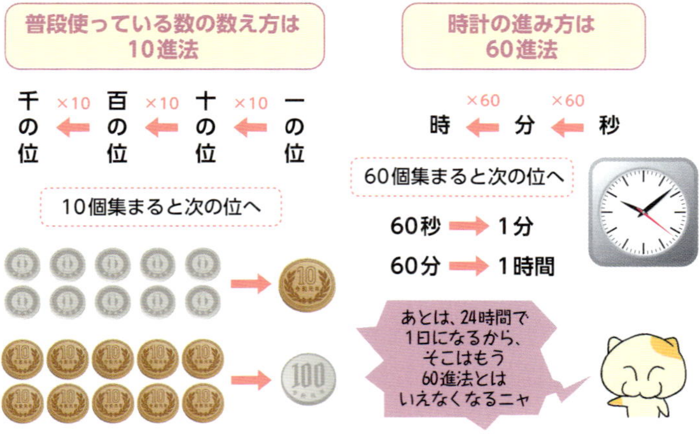

これに対し、時計は60秒で1分、60分で1時間、24時間で1日、365日で1年……と少し不規則ですが、一般に60進法と呼ばれます。

世の中には、10進法、2進法、60進法以外にも、さまざまな「×進法」と呼ばれるものがあります。そこで、数字の後ろに、

$1101_{(10)}$，　$1101_{(2)}$，　$1101_{(8)}$

のように小さな数字を添えてやることで、何進法であるかを示すことがあります。

○○進法というときによく使われる表記法

60進法 …… $●●_{(60)}$ あるいは $(●●)_{60}$

16進法 …… $●●_{(16)}$ あるいは $(●●)_{16}$

2進法 …… $●●_{(2)}$ あるいは $(●●)_{2}$

3

● バビロニアの粘土板に刻まれた数字

少し、「x進法」に慣れることにしましょう。古代バビロンの第一王朝（紀元前1830～紀元前1530）には、次のような粘土板が残されています。これは60進法で記載されたものです。

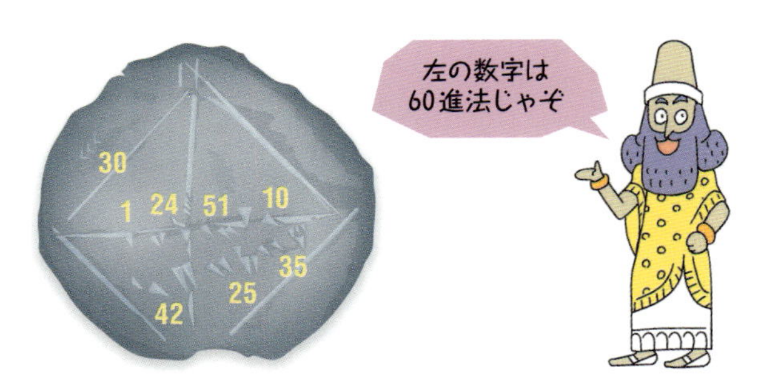

60進法を知らないと、たとえこの数字を読み取れても、彼らが何をいいたいのかわかりません。解読してみましょう。

解読の前にトレーニングです。401.37という10進法の数字があるとします。これは100（$=10^2$）が4個、10（$=10^1$）が0個、1（$=10^0$）が1個、そして0.1（$=10^{-1}$）が3個、0.01（$=10^{-2}$）が7個ある、という意味です。

$$401.37=(4\times100)+(0\times10)+(1\times1)+(3\times0.1)+(7\times0.01)$$
$$=(4\times10^2)+(0\times10^1)+(1\times10^0)+(3\times10^{-1})+(7\times10^{-2})$$

この**累乗の数**が、10進法の位取りになっている

つまり、最初の401.37をケタごとに分け、それを10^2, 10^1, 10^0, 10^{-1}, 10^{-2}で割ってやればいいのでは？　と考えられます。

10^2で割る　$\dfrac{401.37}{10^2}=\dfrac{401.37}{100}$……④ 余り1.37

10^1で割る　$\dfrac{1.37}{10^1}=\dfrac{1.37}{10}$……⓪ 余り1.37

10^0で割る　$\dfrac{1.37}{10^0}=\dfrac{1.37}{1}$……① 余り0.37

10^{-1}で割る　$\dfrac{0.37}{10^{-1}}=\dfrac{0.37}{0.1}$……③ 余り0.07

10^{-2}で割る　$\dfrac{0.07}{10^{-2}}=\dfrac{0.07}{0.01}$……⑦

60進法も同じです。前ページの粘土板の数字を60^1,60^0,60^{-1}……で割ってみます。では、始めてみましょう。最初の「30」も60進法です。これを10進法に書き改めてみます。

$$30_{(60)}=\frac{30}{60}=\frac{1}{2}$$

対角線にある4つの数字も計算してみます。

$$\begin{aligned}1,24,51,10_{(60)}&=\frac{1}{60^0}+\frac{24}{60^1}+\frac{51}{60^2}+\frac{10}{60^3}\\&=1+0.4+0.0141667+0.0000463\\&=1.414213\end{aligned}$$

この「1.414213」って、何でしょうか。この粘土板は正方形で、その対角線の長さを表しています。それは直角二等辺三角形の斜辺に相当し、他の辺の$\sqrt{2}$倍＝1.41421356倍ですから、それを表しているのは明らかです。

そうすると、最初の$30_{(60)}$は10進法では$\frac{1}{2}$なので、その$\sqrt{2}$倍は0.7071064になります。粘土板の下の$42,25,35_{(60)}$を10進法の数値に直してみると、

$$\begin{aligned}42,25,35_{(60)}&=\frac{42}{60^1}+\frac{25}{60^2}+\frac{35}{60^3}\\&=0.7+0.006944+0.0001620\\&=0.707106\end{aligned}$$

「1辺が$\frac{1}{2}$のときの対角線の長さ」を表していたんですね。

バビロニアでは60進法が使われていた

therefore, because

∴, ∵

よって、ゆえに（結論）／なぜならば（理由）

∴や∵は、いずれも証明で使われる記号です。

「∴」は「よって」とか「ゆえに」と読まれ、それまでの「結論」として書く場合に使用されます。「よって」と3文字書く時間を惜しんだり、答案用紙のスペースを少しでも有効活用するのに使われますが、「∴」と書くことで結論が目立つ効果もあるように思います。17世紀のイギリスの数学者ラーンによって1656年に使われたのが最初といわれており、割り算記号の「÷」をつくったのもラーンとされています。

その∴をひっくり返した形の「∵」は、∴が結論を示したのとは逆に、「理由」を述べるときに使います。読み方は、「なぜならば」とか、人によっては「なんとなれば」と古語ふうに使います。

∴や∵の記号をパソコンから出すには、文字パレットから一度選び、単語登録しておくとよいでしょう。

∴や∵は教科書にはほとんど顔を出さないのですが、教師によって教えたり教えなかったりします。

なお、スマートフォンでの入力方法がわからない文字についてアンケートが取られ、ランキングが発表されたことがあります（ウェブサイト「R25」、2015年）。なんと、1位は∴、2位は∵。続く3〜5位は、£（ポンド）、々（おなじ）、⇔（さゆう）でした。どれも読み方を知っておくと、いいことがありそうです。

《主な参考文献》

岡部恒治、本丸 諒 他/著『身近な数学の記号たち』(オーム社、2012年)

スチュアート・ホリングデール/著『数学を築いた天才たち』(講談社、1993年)

大矢真一、片野善一郎/著『数字と数学記号の歴史』(裳華房、1978年)

片野善一郎/著『数学用語と記号ものがたり』(裳華房、2003年)

正岡子規/著『ホトトギス』第二巻 第九号(青空文庫、2011年) *元本は1899年刊行

寺田寅彦/著『寺田寅彦随筆集　第三巻』(岩波文庫、1948年)

夏目漱石/著『吾輩は猫である』(青空文庫、2018年) *元本は1905年刊行

Bertrand Arthur William Russell, *Introduction to Mathematical Philosophy*
(COSIMO CLASSICS,NEW YORK, 1993)

A. Leo Oppenheim, *On an Operational Device in Mesopotamian Bureaucracy*
(The University of Chicago Press, 1959)

René Descartes, *La Géométrie de Descartes* *1637年版
https://debart.pagesperso-orange.fr/geometrie/geom_descartes.html

ルネ・デカルト/著『幾何学』(ちくま学芸文庫、2013年)

Gerolamo Cardano, *The Rules of Algebra* (*ARS MAGNA*) (1545年)

カルダーノ/著『わが人生の書』(社会思想社、1989年)

サイエンス・アイ新書 ［好評既刊］

403 本当は面白い数学の話
岡部 恒治・本丸 諒／著

412 楽しくわかる数学の基礎
星田 直彦／著

424 身近なアレを
数学で説明してみる
佐々木 淳／著

395 知っておきたい
単位の知識　改訂版
伊藤 幸夫・寒川 陽美／著

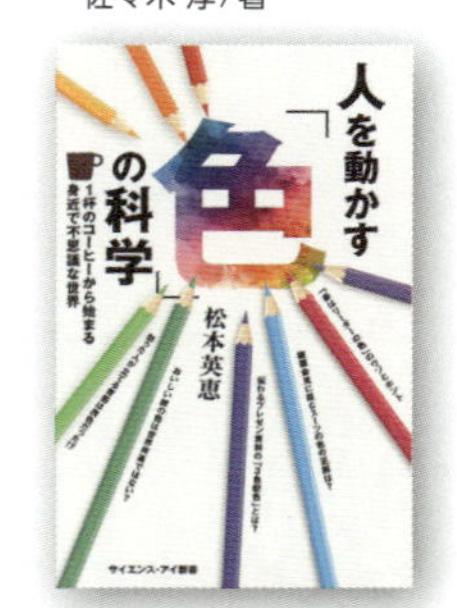

425 人を動かす「色」の科学
松本 英恵／著

423 「ロウソクの科学」が
教えてくれること
尾嶋 好美／編訳、白川 英樹／監修

サイエンス・アイ新書 発刊のことば

science・i

「科学の世紀」の羅針盤

20世紀に生まれた広域ネットワークとコンピュータサイエンスによって、科学技術は目を見張るほど発展し、高度情報化社会が訪れました。いまや科学は私たちの暮らしに身近なものとなり、それなくしては成り立たないほど強い影響力を持っているといえるでしょう。

『サイエンス・アイ新書』は、この「科学の世紀」と呼ぶにふさわしい21世紀の羅針盤を目指して創刊しました。情報通信と科学分野における革新的な発明や発見を誰にでも理解できるように、基本の原理や仕組みのところから図解を交えてわかりやすく解説します。科学技術に関心のある高校生や大学生、社会人にとって、サイエンス・アイ新書は科学的な視点で物事をとらえる機会になるだけでなく、論理的な思考法を学ぶ機会にもなることでしょう。もちろん、宇宙の歴史から生物の遺伝子の働きまで、複雑な自然科学の謎も単純な法則で明快に理解できるようになります。

一般教養を高めることはもちろん、科学の世界へ飛び立つためのガイドとしてサイエンス・アイ新書シリーズを役立てていただければ、それに勝る喜びはありません。21世紀を賢く生きるための科学の力をサイエンス・アイ新書で培っていただけると信じています。

2006年10月

※サイエンス・アイ（Science i）は、21世紀の科学を支える情報（Information）、知識（Intelligence）、革新（Innovation）を表現する「i」からネーミングされています。

SB Creative

サイエンス・アイ新書

SIS-440

https://sciencei.sbcr.jp/

数と記号のふしぎ

シンプルな形に秘められた謎と経緯とは？
意外に身近な数学記号の世界へようこそ！

2019年11月25日　初版第1刷発行

著　　者　本丸 諒
発 行 者　小川 淳
発 行 所　SBクリエイティブ株式会社
〒106-0032　東京都港区六本木2-4-5
営業：03(5549)1201
装　　丁　渡辺 縁
組　　版　近藤久博(近藤企画)
印刷・製本　株式会社 シナノ パブリッシング プレス

本書をお読みになったご意見・ご感想を
下記URL、右記QRコードよりお寄せください。
https://isbn2.sbcr.jp/01256

　ISBN 978-4-8156-0125-6

SB Creative